阅读成就思想……

Read to Achieve

治愈系心理学系列

被艺术疗愈的勇气

生活的答案之书

朱翔坤 吴睿珵 著

中国人民大学出版社
·北京·

图书在版编目（CIP）数据

被艺术疗愈的勇气：生活的答案之书 / 朱翔坤，吴
睿珵著 . -- 北京：中国人民大学出版社，2025. 7.
ISBN 978-7-300-33828-6

Ⅰ . B84-49

中国国家版本馆 CIP 数据核字第 2025210U3Z 号

被艺术疗愈的勇气：生活的答案之书

朱翔坤　吴睿珵　著

BEI YISHU LIAOYU DE YONGQI : SHENGHUO DE DAAN ZHI SHU

出版发行	中国人民大学出版社			
社　　址	北京中关村大街 31 号		邮政编码	100080
电　　话	010 - 62511242（总编室）		010 - 62511770（质管部）	
	010 - 82501766（邮购部）		010 - 62514148（门市部）	
	010 - 62511173（发行公司）		010 - 62515275（盗版举报）	
网　　址	http://www.crup.com.cn			
经　　销	新华书店			
印　　刷	天津中印联印务有限公司			
开　　本	787 mm × 1092 mm　1/16		版　　次	2025 年 7 月第 1 版
印　　张	14　插页 2		印　　次	2025 年 9 月第 2 次印刷
字　　数	164 000		定　　价	79.90 元

版权所有　侵权必究　　印装差错　负责调换

序

在这个快节奏的世界里，我们常常迷失在琐碎的生活中，忽略了内心的声音。艺术就像一盏明灯，能在黑暗中照亮我们的心灵，让我们重新与自己对话。

本书是一次艺术之旅，也是一次心灵的探索。在这段旅程中，我们将穿越时空，与伟大的艺术作品、本书作者的波普艺术风格画作和写实的摄影作品，以及当代艺术家的画作相遇，与虚构的主人公共同感受生命的起伏和激情。这不仅是一本书，更像是一次心灵的冒险，一次跨越现实与想象的奇妙之旅。

艺术审美与情绪的结合是艺术作品的重要特征之一。它表现在以下几个方面。

第一，艺术作品能够直接给观者带来情绪体验。优秀的艺术作品往往具有感染力，能够直接引发观者的情绪共鸣。例如，一幅色彩明快、构图和谐的风景画，能让观者产生愉悦、轻松的情绪；一首旋律优美、歌词感人的歌曲，能够唤起观者内心的喜悦、忧伤等情绪。

第二，艺术作品能够引发观者自由联想和记忆。好的艺术作品往往能够启迪人们的思想，引发人们的思考和联想。例如，一部情节曲折、发人深省的电影，能够引起观众对社会和人生的思考；一部感人肺腑、催人泪下的文学作品，能够唤起读者对自身经历的回忆和共鸣。

第三，作品背后暗含的艺术家的想法或个人经历也影响着观者的情绪反应。艺术家创作作品时往往融入了自己的情感和思想，这些情感和思想会通过作品传递给观者，影响观者的情绪反应。例如，一位饱经沧桑的艺术家所创作的作品往往带有深沉、忧郁的意味，能够引起观者的共鸣；一位乐观松弛的艺术家所创作的作品往往洋溢着趣味、跳跃的气息，能够带动拉升观者的情绪。

这些因素共同促成了艺术审美与情绪的融合，使艺术作品更加具有感染力和生命力。

特别感谢毕加索品牌中国总代理提供的珍贵画作支持。其卓越的艺术品不仅为本书增添了非凡的视觉价值，更为我们探讨艺术疗愈的深度与力量提供了独到的启发。感谢毕加索品牌中国总代理上海昆生文化的慷慨与卓越贡献，使本书更加完美。

本书的每一章都是一个故事，都是一次情感的迸发。我们邀请你与艺术对话，在思绪的漩涡中感受那些无法言说的情感，记录内心的波澜与思索。然后，我们将艺术融入故事中，让它们成为你探索心灵的指南针，引领你进入另一个世界——一个充满奇迹与感悟的境地。

在这样的经历中，你不仅会遇到内心深处的自己，还会遇到心理学的智慧。本书中的每一个故事都结合了叙事疗法、认知疗法、情绪聚焦疗法，以及艺术疗愈等疗法中的理念和技术。我们将通过探索主人公的内心深处，理解他们的幸福与委屈，从而更勇敢地去看见自己的多元情绪与经历。最后，你将再次回到艺术作品，用全新的眼光去感受它，领悟其中的精妙与深邃。

　　阅读这本书时，更像是体验了一次心灵的洗礼。在这个过程中，我们将释放内心的情感，聆听自己的声音，与艺术作品共鸣，与自己的心灵对话。

　　愿本书可以成为你生活的答案之书和心灵成长的向导，带领你有勇气穿越生命的风雨与骄阳，感受内心的力量与美好。愿你在这段旅程中找到心灵的安宁与满足，享受生命的意义与幸福。用书中提供的心理学的引导问题和艺术作品，更好地疗愈内心，让自己更加强大，绽放自己人生本应拥有的幸福和潜能。

　　你好，我是一个对话框，你在这本书中将会和我产生很多互动。

　　简单来说，我想邀请你和我一起来写这本书。

　　本书将带领你去看很多出色的艺术作品。艺术能激发你的情绪感受，并引导你产生联想。

　　因此，每当我出现的时候，都希望你能勇敢地写下你的想法。不要担心想法不对，也不要担心答非所问，你永远都不会出错，正如你永远可爱和值得被爱！

　　这是属于你我之间的时光与秘密，也是属于你的一本和我一起手拉手写的书，是我们美好又勇敢的自我探索纪念册。

目　录

01

善良是我送给
这个世界的礼物

KINDNESS IS A GIFT I BESTOW
UPON THE WORLD

我该在每天的忙碌之余做出什么样的行为？给你——
我从小见过那么多善恶，却一直深爱的世界。

《甜品盘》（*Dessert Plate*）　巴勃罗·毕加索（Pablo Picasso）/ 绘

　　　　　　　　　　　　　　　　　被艺术疗愈的勇气：生活的答案之书

这幅艺术作品给你带来了什么样的情绪感受?

这幅艺术作品引发你产生了哪些自由联想和记忆?

我的回答

这幅艺术作品给你带来了什么样的情绪感受?

祥和、随性、安全、放松。

这幅艺术作品引发你产生了哪些自由联想和记忆?

这个盘子是用来装什么的呢?

暂且说它是用来装食物的吧。

可以装一些甜点,

或者放一些水果,比如,樱桃、桃子、枇杷,都是很好吃的东西。

和平鸽象征着和平,

它衔来了橄榄枝,准备拥抱美好。

女人恬静的面庞和嘴唇代表爱意,

美丽的双眸代表着智慧,她慈悲地看着这个世界。

和平与爱,

还有什么更美好的东西吗?

和平与爱,

我多么想给这个世界和平与爱。

这个盘子是空着的,我该装些什么呢?

暂且说它是用来装食物的吧。

可以装一些甜点,

或者放一些水果,比如,樱桃、桃子、枇杷,都是好吃的东西。

可是,我也不知道你是否爱吃。

就算你爱吃,我也不知道能不能让你感受到和平与爱。

就算你能感受到,我也不知道你能不能也和我一起像涟漪那样去
影响和平与爱。

我该用盘子装些什么呢?

给你,我深爱的世界。

给你,我爱得深沉的世界。

好让你轻松起来。

好让我轻松起来。

抓马 ①
DRAMA

看着《甜品盘》这幅作品，我被拉回到那一段记忆中……

盘子上的小鸽子活泼地飞了出来，将橄榄枝抛在我手上，问道："你想起什么了呀？说给我听听吧，我很想听呢。"

"是一件小事和一段时光……我瘫坐在地上，想一跃站起来。用双手按压地面，手掌对抗着柏油马路。那马路……由平实的、黝黑的颗粒填满，平时在上面走路的时候会感觉滑滑的，要是碰上下雨天，就很可能会滑倒。那天，我却突然体会到了一种硌手的感觉。我集中注意力，用力按压地面向上撑着自己，然后小腿一用力就站起来了！"

"于是，你站起来了？"小鸽子问我。

"咦？我怎么还在原地一动不动？"

小鸽子疑惑地看着我。

"看来是没那么容易能站起来。我看了看右腿，灰色裤腿上多了一块红色的血迹。又看了看左腿，裤腿上只有一点褐色的脏污划痕，基本上完好无损。我的腿可以动，但是脚踝动不了了，很痛，让我难以用力。嗯，那边车速很快，我意识到我需要尽快

---

①　"抓马"是英文"drama"的音译，本意是戏剧、剧本的，也可以指富有戏剧性的情节。在网络中，"抓马"的词义被进一步引申，具有"戏剧性的、浮夸的"等意思，可以用来形容"戏精"。

离开车行道，回到路肩上坐好。于是，我的双手继续与地面对抗，硬撑着我的身体向后，慢慢撑回路肩。"

"你的手是不是也破了？所以撑起来才有点困难吧？你是不是感受到疼了？"小鸽子关切地问道。

"是，很疼。"我的声音不自觉地小了一些，像自言自语地嘀咕着，"我当时就想，唉，反正我也动不了了，不如抬起头，收起龇牙咧嘴的表情，看看路人吧。你有没有觉得，一个人坐在车辆高速飞驰的马路边，看起来很奇怪？会不会有人觉得我像是想轻生？会不会有人能看出来我坐在这里是因为摔倒了站不起来了？会不会有人担心我，但又出于'当代都市人的礼貌社交界限'，不好意思直接过来向我伸出援手？我的疼痛感和与之对应的'痛苦表情包'会不会给看见我的路人增添了不悦？这是一条四车道的马路，对面过来的车完全能看到我的表情啊！"

"哈哈，你可真有趣。自己疼痛又担心的时候，脑子里还在想着行色匆匆与你未有深刻交集的路人，还在想着有没有传递一些不悦……"小鸽子用翅膀托着腮，微笑地看着我。

我也笑了笑，继续说："我把表情转化成了笑容，这样就不会给路过的'有缘人'增添任何负向情绪了，也不用让他们为难要不要停下匆忙的脚步帮帮我了，万一有人是'社恐'呢？和我一样都是'社恐'呢……如果你那天恰巧路过，你就有眼福了——一个年轻人坐在路边，离高速行驶的车流仅有约15厘米的距离，皱着眉头，眼里闪烁着一点泪光，龇牙笑着。"

小鸽子含笑不语。

"从我挪向路肩到有这些心理的活动，大约用了两分钟。我突然想起来，哎呀，不对！我要立刻在打车软件上取消订单，否则司机一直等着我，我就耽误人家做生意了！"

"啊……等等，你一开始是怎么摔倒的呀？是在赶时间吗？"小鸽子满脸的不解。

"是的，我在赶时间。我请假要出去办点事，提前从教室出来的。其实，我从教室里出来的时候也犹豫再三，有几次刚要起身就在心里想，要不再等等吧，别让老师在看到我要出去时以为我不爱听课。"

"你平时从来不会迟到或早退吗？"小鸽子问。

"嗯……也不是……我也不知道那天心里怎么这么多戏……"

小鸽子看着我，用眼神示意我继续讲下去。

"我叫了车，看到车快到的时候走了出去，时间应该是刚刚好。出门后我就觉得奇怪了——门口并没有车。我拨通了司机的电话，'您好师傅，请问您的车开到哪里了？我看您不在我定位的大门口。'他说，'我好像是在你从大门口出去后右转30米，再右转大概50米的地方。'我不想让司机绕远，不想因为我而增添了他的工作负担，于是连忙说，'没事，你就在那里等我，我走过去找您。'我边说边加快脚步朝他说的地方走去。可是，到了那里后，仍然没有看到车。再次给司机打电话，他说，'这定位是不是不准呀……哦！明白了！咱们大概还有200米左右。'"

"你又继续往前走了吧？"小鸽子问道。

我点了点头，说道："我继续往前走倒是不要紧，因为我已答应了司机我会走过

《"拐了，拐了"本拐》 朱翔坤 / 绘

去。不过，我还得再加速，这样才不会耽误司机太多时间，否则不就没这个必要了嘛。于是，我情不自禁地跑了起来。哎？眼前突然出现了一道长长的护栏，将狭长的人行道和穿行的车流隔离开。如果我选择在护栏里面走，那么好处是安全，但坏处是'狭路相逢，我就跑不起来也快走不了'；如果我选择在护栏外面走，那么坏处是不安全，好处是不用减速。我想了想，决定跨到护栏外面试试。我一只脚刚踏出去，一辆车便飞奔而来。天，这太不安全了！车速太快了！"

"幸亏没有被车碰到呀！"小鸽子关切地看着我，像是为我捏了一把汗。

"是呀！我想，还是算了吧，便想回到护栏里面。一只脚刚刚踏上路肩，结果没站稳，滑了一下，整个人一下了就跪在了马路上，便有了我刚刚跟你说的那一幕。"

"哦，原来你是这样摔倒的啊……"小鸽子点点头，说道，"你之前讲到你要在打车软件上取消订单，后来怎么样了？"

"在我想到在打车软件上取消订单时，我又想到也许我可以走过去，毕竟让人家等了我那么久。如果现在取消，虽然可以付给司机赔偿金，但还是觉得很不好意思，因为耽误他拉其他乘客了。我想起之前和其他司机聊天时，他们说赚钱很不容易，每天起早贪黑才能确保有较好的收入。他接了我这一单，不仅定位不准，而且我又折腾了这么久，耽误了他赚钱。于是，我想再试一次，实在不行再取消。我使出了全身的力气，想让自己站起来，但疼痛难忍，最终还是失败了，我只好取消了订单，又叫了一辆刚好经过我面前的出租车。出租车司机把我拉到了医院，借了轮椅后又扶我下车。"

"这位司机可真贴心。"小鸽子微笑着，温柔地望着我。

"去医院拍了片子——骨折，没想到真的是骨折了。让我想起经典小品《卖拐》中的那句'拐了，拐了'。"

常理从来都不那么常见
COMMON SENSE IS NEVER COMMON

"你的生活发生了什么变化呢？"小鸽子问道。

"骨折后，我成了一个短期的残疾人。尽管和骨折之前那样，我每天都会与很多陌生人的目光碰撞，但还是有区别的——骨折之前，他人的目光让我感到熟悉、友善、好奇、赞扬、惊奇，等等；骨折之后，他人的目光则让我感觉不熟悉，也让我感到不安。右腿被打了石膏后，我无法穿正常的裤子，因此在选择上衣时也有了局限性——基本上不存在什么'好看用心的穿搭'，能穿戴整齐地出门就已经非常不容易了。与我交汇的那些目光，漠然代替了微笑，恐惧代替了好奇，嫌麻烦代替了赞扬，震惊代替了惊奇……中性的目光、带有负向情绪的目光，只要我想继续和陌生人保持目光接触，它们就会活蹦乱跳地奔向我。这些目光都是我不熟悉的。尽管我之前经常

《背对》 朱翔坤／摄

会在一些场合分享关于平等、无歧视、包容残疾人的观点，但这落到我的头上后我才知道，社会对于自己的看法，可以因自己与他人的不同所带来的敏感而有所变化。"

听到这里，小鸽子好奇地问道："这些和赞扬不同的目光，一定都是你之前没怎么经历过的吧？"

我想了想，回答道："近些年的确很少经历了，但其实我在年少时经常会遇到这样的目光……可能这样的经历已经过去久了，我早已习惯了更为正向的目光。因此，这些负向的目光让我感到既陌生又不愉快。"

小鸽子的目光中流露出心疼和理解。

"先不说这些捕风捉影的敏感了，"我耸耸肩说道，"有一天，我像往常一样，在单元门口准备开电子门。在平时，如果碰到了和我同时到达单元门口的邻居，我就会主动开门，而不是等别人开。如果遇到了快递员，就更会尽快帮他把门开，这不仅是因为他无法开门，要联系收件住户然后再等其开门，还因为我想帮他节省时间、提高工作效率。那天，我在楼下挂着双拐，正努力盘算着一会儿用哪只手开门、哪只手拽门，以及如何防止因动作缓慢而使门关上，还要确保挂着双拐顺利地走进单元门。这时，一位快递员来到我旁边，我像往常一样开门，我本以为他能帮我扶住门以防门自动关上，并让我先进，结果我还没机会提这个要求，他就健步如飞地跑了进去，坐上了电梯。我像一个负责开门的门童，呆呆地站在原地。不过，我与门童不同的是，我挂着双拐。帮助不是 common sense（常识），说谢谢也不是 common sense。因此，我找不到一丝生气的理由，只好无奈地苦笑着，并觉得这很有意思，如果被拍下来，那么一定可以做成一个搞笑短视频。于是，我的心里一直在想着 'common sense is never common'（常理从来都不那么常见）。"

操不完的心
TOO MANY WORRIES

"估计很多人在小时候被教育说，要随手捡起路上的垃圾，并扔进垃圾桶里，不管这个垃圾是不是你扔的。"

"这是一种非常好的教育啊！可以让大家一起爱护我们生存的环境和存在于其中的各种生灵。"小鸽子的眼睛闪闪发光。

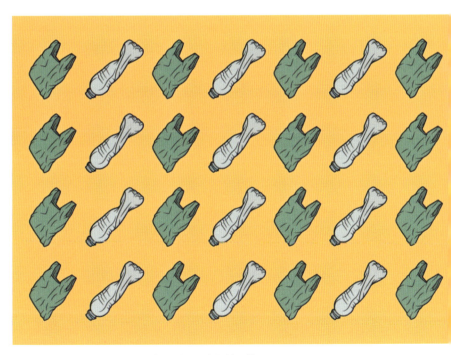

《我是捡垃圾的小能手，咿呀咿呀哟》　朱翔坤 / 绘

"是啊，小鸽子，我也是这么想的。所以，很多人一直秉持着这样的做人标准，但渐渐地，人们也会考虑垃圾有多脏，毕竟在捡垃圾的时候有时不一定有纸巾垫着，而且沿路还不一定有垃圾桶方便丢弃。那么问题来了，捡起来的垃圾怎么办？人们通常会把它们踢到路边，以防将路过的人绊倒，也防止垃圾被过往的人或车辆压得粉身碎骨……"

"哈哈，你的想法可很多。"小鸽子笑着说道。

"是的，我的脑中总是在上演不同的歌剧、肥皂剧和电影大片，可精彩了。大多数情况下，它们是一些幽默搞笑的剧情。在我拄拐期间，我看到路上有垃圾时，我遇到了困难——左腿蹦着走路，右腿悬在空中，如何腾空一跃将垃圾踢到路边呢？没想到，这样的一件日常小事在那天却成了难题。

"不过，办法总比问题多，我在最终还是想到了一个解决办法——用一只拐杖稳定自己，用另一只拐杖戳动垃圾，一点一点地将垃圾戳到路边去。那段路仅有百米长，但垃圾不少，如果有一颗操不完的心，那么玩三个来回的'戳戳乐'也是不成问题的。

"这个动作听起来不难，但是我拄拐拄得手掌很疼，双臂和左腿也很疲劳，我感到既厌烦又疼痛。并不是说我完全没有开心满足的情绪了，只是开心满足的情绪并不会抵消随之而来的负面情绪。我也因此而为了为什么我有操不完的心、为什么我要为这个垃圾负责、为什么我现在行动不便还要收拾路上并不是我乱扔的垃圾感到不开心。"

"这种感觉一定很无力吧？"小鸽子问道，满眼的关切。

"是的。"我有些垂头丧气地说。

狭路相逢勇者胜
WHEN TWO RIVALS MEET ON A NARROW PATH

"小鸽子，你听说过'狭路相逢勇者胜'吗？这句话本来是指双方在窄路相遇，勇猛的人往往可以获胜。如今在生活中，我们可以在哪里经常遇到这种情景呢？比如，有两个人在人行道上相向而行，如果人行道比较窄，且两个人互不相让，结果就会是一个人被另一个人撞倒。小时候，我曾有一段时间特别'勇敢'，从来不让人，有人迎面过来我总是铆足了劲儿往前走，并觉得这么做没什么，反正受伤的不会是我。过了那段时间，我又变得礼让他人了。其实，礼让他人一点也不麻烦，比如，侧侧肩、停下脚步侧立，甚至往后退一步就可以了。然而，在挂拐的那段时间，要想与人方便可真是不方便。明明自己行动不便，但还是有一颗与人方便的心，却很难开口说一句'麻烦你让让我吧'。"

"说出这句话真的这么难吗？"小鸽子问道。

"对我来说是的。因此在刚开始挂拐的时候，我都是拖着双拐继续礼让他人，直到发现我这样做并不能得到他人的感谢，甚至会遭遇其不耐烦，且自己也容易摔倒，我才决定算了吧，还是'狭路相逢勇者胜'吧，我不再刻意地去礼让他人了。"

《斑马路》 朱翔坤/摄

被善意包裹

FULL OF GOODWILL

"骨折之后，你行动那么不方便，谁来照顾你呢？"小鸽子好奇地问我。

"是我的一个非常要好的朋友。其实，她在一个月前就提醒过我要注意安全，甚至还描述过她对我的担忧，简直和我那天的遭遇一模一样，好神奇。在我挂拐期间，每次坐出租车时，她都会很自然地把我的脚轻轻地放在她的腿上，耐心地揉捏着，带着一份安慰和温柔。我很感谢她的照顾，同时也很担心这会给她添麻烦。有一次她忘了，我鼓起好大的勇气才小声地提醒她能不能像之前那样，让我把脚放在她的腿上。我说完这句话后，脸上烫烫的，还有一些不好意思和尴尬。她看了我一会儿，然后莞

尔一笑，把我的脚放在她腿上。我感到有一股暖流从心底蔓延开来，那种细致的照顾和关怀让我安心了许多。"

"你被善意包裹着，你是幸福的。"小鸽子边点头边说。

再回到抓马
BACK TO DRAMA

我有时也在想，那么多的内心戏、那么多的善意、那么多的抱怨，伴随着身体的病痛袭来。

是自己太抓马了，还是该有这些情绪？

是自己太多此一举了，还是没有得到正确地对待？

我该在每天的忙碌之余做出什么样的行为？给你——我从小见过那么多善恶，却一直深爱的世界。

《给你的礼物》 朱翔坤 / 摄

番外：另一个现实
ANOTHER REALITY

　　我就是那个在她出来的一个月前就和她讨论过这件事的人，也是她骨折之后照顾了她一个月的人。

　　其实，我很早以前就发现了她有着很喜欢默默为别人着想的特质，比如，她把路上的垃圾踢到一边、给别人开门。她看得见这些小事，也能感受到别人很细微的感受，比如，她在意快递员的效率、在意司机的收入。她善良又有共情力，总能给人无微不至的贴心照应。我觉得她很在意这个世界，希望通过自己的方式影响这个世界；她渴望以实际行动去帮助别人，让世界更美好。

　　可是，都只是美好吗？来看看我对她的灵魂拷问吧。

　　这些偏爱不是只能给我的吗？如果她能默默地为所有人着想，那这是对我的"背叛"吗？每当看到她温柔地对待每一个人时，我的心里总会掠过一丝莫名的落寞。她的笑容、她的温暖，似乎很容易属于任何人，那么我与她之间的特别又剩下些什么？她的善良给了每一个需要的人，这份包容和爱难道不应该有一部分是只属于我一个人的吗？我承认自己的小心思：渴望在她的心中拥有一个无人能替代的位置，渴望她能在我需要时，将那份无限的关心全部倾注在我身上。

　　她心中的这份默默为他人着想的核心信念又是从哪里来的呢？在瑞士心理学家艾丽丝·米勒（Alice Miller）的理论框架下，她作为一个在家庭暴力背景下成长的孩子所展现出的默默为他人着想的行为，可能是一种潜在的"超级适应者"的表现。这种适应策略是在功能不全的家庭环境中形成的，能帮助个体应对内在的冲突和外在的不稳定性。"超级适应者"会通过过分合乎他人期望的行为来寻求爱、安全感和认可，包括高度的自我牺牲、忽视自身需求来满足他人，并在这一过程中忽略自己的感受和欲望。对她来说，默默为他人着想可能不仅仅是助人为乐的简单行为，更深层次地说，这是她试图在情感层面实现安全感和秩序感的一种方式。

通过这种行为，她可能在无意识中试图重建一种家庭动力，并通过"被需要"来找到自己的价值和位置。虽然从表面上看，她的这种行为似乎都是出于对他人的关心，但其实这可能是她内心深处对于稳定、被爱和尊重的渴求的反映。

在这样的适应模式中，她可能没有充分认识到自己的需求和情感，因为她从小就被教育要关注他人的需求。每次将玉米一分为二，她都要把大的那半分给哥哥。因此，她的这种行为也可以被视为一种长期的自我忽视，这可能会导致她在未来的感情中难以表达自己真实的需求和感受。

比如，她骨折了之后几乎每次在出租车上，我都会把她受伤的脚放在我腿上，给她按一会儿。有一次我忘了，她几次欲言又止，眼神有些游离不定，但我都没有留意。后来，她终于鼓起勇气下定决心，轻轻地、几乎是怯生生地说："那个……你能不能……我的脚……"她的声音小得几乎要被车内的轻微杂音淹没，并透着一种不愿打扰别人以及不确定感。我疑惑了一下，她犹豫片刻，又轻声补充道："就像以前那样，把我的脚放在你腿上？"话语中带着轻微的尴尬和害羞，嘴角露出若有若无的微笑，好像在尽力减轻这个请求的重量。她的表情有些为难，双手微微握着，似乎在寻找一种可以安慰自己的方式。我从她的眼神中看到一些微妙的期待，但也掺杂着担心被拒绝的忧虑。

她的这种默默为别人着想的行为，虽然看似是一种积极的社会互动形式，但在深层次上反映了她对安全感、爱和认可的需求——她通过这样的行为来应对和修复童年的心理创伤。

那怎么办呢？你去爱这个世界，我来爱你吧！

《等你的时光是幸福的》　朱翔坤／摄

关于你的篇章

有的人的感受的确会更丰富。你有哪些特质？请在符合你的特质描述①前面打上"√"。

- ☐ 曾有人说我太敏感、太情绪化、太戏剧化。

- ☐ 我善于捕捉细微的细节，对周遭事物有着高度的同步感知能力。

- ☐ 我情感丰沛，富有激情和爱心。

- ☐ 我对于认知、感官、身体以及情绪上的刺激都高于常人的反应。

- ☐ 我从小就总能深切地关注身边的人。

- ☐ 当他人被虐待时，我总能感同身受。

- ☐ 我能感到与动物、大自然乃至万事万物有直接关系。

- ☐ 我有一种内在的冲动，想去突破条条框框，想去质疑或挑战传统，尤其是那些在我看来没有意义或不公平的传统。

- ☐ 我的内心世界丰富，不仅能天马行空地想象，还能在内心与自己对话。

- ☐ 我的内心常常被词语、画面、隐喻形象和活灵活现的幻想和白日梦挤得满满的。

- ☐ 我勤学好问，又善于反思，对于了解事物、拓宽视野、获取知识和剖析自己的想法有着强烈的欲望。

- ☐ 我能快速且深入地处理信息，很快就能消化吸收它们。

---

① 以下部分问题出自《拥抱你的敏感情绪：疗愈情绪，接纳自我》一书。

☐ 我在小时候可能被视为困难儿童、好动分子、不守规矩、要求太多、"难伺候"；或是一个"太容易养"的孩子，比如，因为很少有需求或像个"小大人"而让养育者觉得很好带。

☐ 我的内心世界丰富且复杂，我品味精致，在味觉、嗅觉、听觉及欣赏艺术作品方面极其细腻。

☐ 我的高敏感是一种特质，力量和危险与之同在。

关于以下问题，你有什么感受？请在对话框中填写出来。

我对这个世界也有如此多的善意。

我的内心也有很多矛盾。

我也期待能被一个人偏爱。

我有一些需求，但是不好意思说出口。

我很担心我说出口的需求会遭到拒绝。

被艺术疗愈的勇气：生活的答案之书

我要在我的盘子里装上以下东西：

　　我是如此抓马，我是如此高敏感，我是如此默默为他人着想。我
好爱我自己。

如果你很认同以上这段话，就请在下方的横线上骄傲地写下"同意"。

被艺术疗愈的勇气：生活的答案之书

再次欣赏这幅艺术作品，此刻它给你带来了什么样的情绪感受?

此刻你产生了哪些自由联想和新的自我发现?

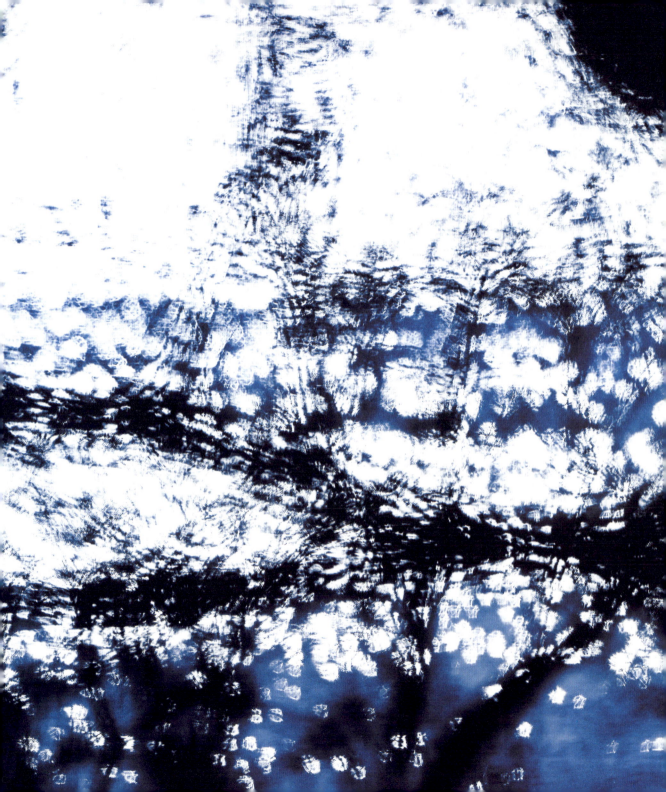

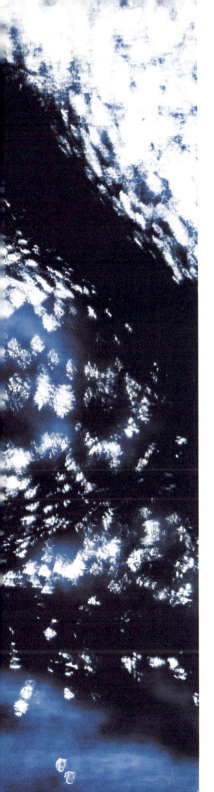

02

星空

THE STARRY NIGHT

让我再次回到那个美丽世界里，找自己。

《星空》（*The Starry Night*）　文森特·梵高（Vincent van Gogh）/ 绘

　　　　　　　　　　　　　被艺术疗愈的勇气：生活的答案之书

这幅艺术作品给你带来了什么样的情绪感受?

这幅艺术作品引发你产生了哪些自由联想和记忆?

我的回答

这幅艺术作品给你带来了什么样的情绪感受?

> 温暖、自由、宁静。

这幅艺术作品引发你产生了哪些自由联想和记忆?

> 站在梵高的《星空》前,
> 我的心仿佛被一股无形的力量吸引着,
> 那束蓝黑色的火焰如同精灵般在夜空中舞动,
> 点燃了夜的寂静,
> 也点燃了我内心深处的情感。
>
> 这火焰的光芒仿佛穿透了画布,
> 直抵我的内心。

在我的心中唤醒了某种久违的感受，
让我感受到了一种深层次的宁静和力量。
仿佛所有的烦恼和忧虑都在星光下被驱散，
取而代之的是内心的平静与自信。

我看到点点星光闪烁，
虽然微弱，却充满了无尽的可能性。
生活中总有希望的光芒，
无论前方的路多么黑暗，
总有一盏灯为我指引方向。

再遇星空
ENCOUNTERING AGAIN

我与我的爱人在屿头乡上了一堂艺术疗愈课。

站在梵高的《星空》前，我的心仿佛被一股无形的力量吸引着。那束蓝黑色的火焰如同精灵般在夜空中舞动，点燃了夜的寂静，也点燃了我内心深处的情感。这火焰的光芒仿佛穿透了画布，直抵我的内心，在我心中唤醒了某种久违的感受。它不仅是视觉上的冲击，更像心灵的火焰，激起了我内心深处隐藏的渴望与希望。

在这片光芒的包围下，我仿佛身处一堆温暖的篝火旁。火焰跳动的光芒如同一片温暖的海洋，驱散了夜的寒冷，将我包裹在其中。朋友们围坐在篝火旁，他们的面庞在火光的映照下显得格外红润，欢声笑语萦绕在耳边。这笑声如同夜晚的微风，轻轻拂过我的心灵，带走了所有的紧张与不安。在这样的氛围中，我感到前所未有的放松和愉悦，仿佛所有的烦恼都被那跳动的火焰和欢快的笑声驱散。

远处的万家灯火在夜色中闪烁，像一颗颗希望之星，每一盏灯都在诉说着一个独特的故事、一段不同的人生。这些灯光微弱却温暖，在黑夜中散发着柔和的光芒，带给我深深的安慰。它们仿佛在提醒我，生活中总会有希望的光芒，无论前方的路多么黑暗，总有一盏灯在为我指引方向。

抬头仰望星空，点点星光在夜幕中闪烁，诉说着无尽的梦想与幻想。那星光虽然微弱，却充满了无尽的可能性。现实与梦幻在此交织，让我仿佛置身于一个既熟悉又陌生的世界，一个充满了可能性与希望的境地。在这片星空下，我的心仿佛与画中的

《星空》（局部）　文森特·梵高/绘

世界融为一体，所有的烦恼和忧虑在这一刻都被星光驱散，取而代之的是内心的宁静
与力量。

　　我与身边的同伴分享了我欣赏《星空》这幅画作时的感受。他们认真地看着我，
仔细倾听着，接受并认可我的感受。这种被倾听、被认可的感觉就像一股暖流，温柔
地流入我的心田。这是梵高在割掉耳朵之后被送进精神病院后的画作，不知如果梵高
听到我的解读后会作何感想。不过，这不重要，什么是所谓的"正确的"也不重要，
因为在艺术疗愈中，只有我看见什么才是重要的，才是值得关注的。在这堂艺术疗愈
课上，我的每一次发言都像是对自我内心的一次探索和表达。

　　我能清晰地感受到别人对我的认可所带给我的力量。就像春日里的一场细雨，滋
润着我心中的那片曾经干涸的土地，土地的下方埋藏了无数的梦想与希望。此刻，在

这温暖的氛围中，在这细雨的滋润下，它们正在慢慢发芽。我看到了自己过去的疑虑和不安，那些使我踌躇不前的情绪正在被这种认可和理解消融。

在这堂课上，每一次与同伴的交流都是一次心灵的共鸣。我们彼此分享着内心深处最真实的感受，那些平日里难以启齿的情感，在这里得到了完全的接纳和回应。我的每一个想法、每一种感受，都仿佛被温柔地接纳，像在一片温暖的花园中，花朵在微风的吹拂下轻轻摇曳，释放出迷人的芳香。

这种被认可的体验让我开始重新审视自己。过去的我，时常陷入对自我价值的怀疑，总觉得自己不够好、不够出色。而现在，在这个充满理解与支持的课堂上，我开始意识到自己原本就拥有的独特的价值。这种价值不需要通过别人的认可来证明，它存在于我的内心深处，等待着被发现与释放。

我内心深处的力量也因此逐渐显现。就像在夜晚的星空下，我终于看清了那颗属于自己的星星。它并不耀眼，但始终都在，指引着我前行的方向。这种力量不仅来自他人的认可，更来自我对自己的重新认识和接受。

在这堂课上，我感受到了一种前所未有的自由与真实。这种自由源于我能够真实地表达自己，不再压抑内心的感受与想法；这种真实是因为我终于能够坦然地面对自己的内心，不再害怕失败与否定。我开始明白，真正的力量来自内心的平静与自信，而这堂课正是让我找回这种力量的契机。

《两个在沙滩上奔跑的女人》[*Two Women Running on the Beach (The Race)*] 巴勃罗·毕加索 / 绘

《星空》（局部） 文森特·梵高 / 绘

遇见自己
MEETING MYSELF

在这堂艺术疗愈课上，我感受到了内心的自由与真实，这让我不禁想起自己过去被束缚的时光。

作为一名中国传统女性，我从小就被教育要遵循礼仪和规范，要在社交场合保持端庄和克制。我处处谨小慎微，避免在公共场所流露出任何真实的情感。这种行为既符合社会对女性的期待，也是我内心深处对安全感和认可的追求。

从心理学的角度来看，女性的顺从行为可以追溯到童年时期的社会化过程。在这一过程中，女性往往被教导要表现得温和、体贴、关心他人。这种教育方式在弗洛伊德的精神分析理论中，被视为超我（超我通过内化社会的道德规范和期望，在潜意识中影响着我们的行为）形成的一部分。女性在成长过程中，通过认同母亲或其他女性长辈的行为模式，逐渐内化了这些社会期望，将顺从视为女性美德的一部分。

这种顺从行为不仅在心理学上有其根源，在宗教和哲学中也得到了进一步的强化。在许多宗教传统中，女性被教导要顺从男性，且这种教导往往被视为神圣的指令。

经典教义中多次提到了女性应当在家庭和社会中保持顺从，以维护家庭的和谐和宗教的神圣性。这种宗教教义使得顺从不仅仅是一种社会期待，更被赋予了神圣的意义，使女性在顺从中寻找安全感与归属感。

《手捧白鸽的孩子》（*Child with a Dove*） 巴勃罗·毕加索/绘

哲学家让 - 雅克·卢梭（Jean-Jacques Rousseau）在《爱弥儿》（*Émile, or On Education*）一书中也提到，女性的天性就是要顺从，她们"由于自然法则的作用，妇女们无论是就她们本身还是就她们的孩子来说，都是要听凭男子来评价的。她们不仅应当值得尊重，而且还必须有人尊重；她们不仅要长得美丽，而且还必须使人喜欢；她们不仅要生得聪明，而且还必须别人看出她们的聪明；她们的荣耀不仅在于她们的行为，而且还在于她们的名声；一个被人家看作声名狼藉的女人，其行为不可能是诚实的。一个男人只要行为端正，他就能够以他自己的意愿为意愿，就能够把别人的评论不放在眼里；可是一个女人，即使行为端正，她的工作也只是完成了一半；别人对她的看法，和她实际的行为一样，都必须是很好的。由此可见，在这方面对她们施行的教育，应当同我们的教育完全相反：世人的议论是葬送男人美德的坟墓，然而却是荣耀女人的王冠"①。卢梭进一步阐述道，女性的幸福与满足来源于她们顺从的美德，而不是独立或反抗。他认为，女性应当以顺从来赢得男性的爱与保护，顺从不仅是她们的天职，还是她们的幸福之源。卢梭的观点深刻影响了启蒙时代及其后的西方社会对女性角色的看法，进一步巩固了女性顺从的社会角色。这种观点不仅在西方社会得到了广泛传播，还在许多其他文化中得到了不同程度的认可与实践。

在我的成长经历中，这种顺从的模式早已深深植根于我的心灵。随着时间的推移，我逐渐意识到，这种顺从剥夺了我表达真实自我的权利，使我陷入了自我异化的

---

① 卢梭.爱弥儿：论教育：全两卷[M].李平沤，译.北京：商务印书馆，2011.

困境。我感受到了内心的压抑和迷茫，渴望找到一条摆脱这种困境的道路。

我与爱人共同上的这堂艺术疗愈课，成了我打破这一束缚的关键。在屿头乡，我们共同探索艺术的力量，重新定义了自我与世界的关系。在那段时间里，我终于感受到自己不仅仅是他人的支持者，更是一个有思想、有情感、有自由追求的个体。在爱人的理解和支持下，我逐渐摆脱了传统观念的束缚，勇敢地追求属于自己的自由与幸福。

爱上自己
LOVING MYSELF

在那段时间里，日常生活中的每个细节都让我更加清晰地认识到，过去我所遵循的那些所谓的"规矩"和"规范"，不过是束缚我进行自我表达的枷锁。在爱人的陪伴和支持下，我逐渐学会了放下对他人期待的迎合，开始勇敢地表达自己的真实感受。爱人用温柔和理解包容了我的每个想法、每种情绪情感，这种包容让我第一次感受到，我不再只是他人的支持者或陪衬，而是一个独立且有价值的个体。

这种转变让我认识到，真正的自由不是对他人期望的盲目顺从，而是对自我价值的深刻认知和接纳。只有在这种认知和接纳中，个体才能实现真正的自我解放，摆脱异化，回归本真的自我。

这堂艺术疗愈课让我深刻地意识到，内心的力量来自真实的自我表达和对自由的坚定追求。这种力量使我不再畏惧表达自己的真实感受，不再害怕追求自己真正渴望的生活。身为课堂的教师之一，我在引领的过程中也获得了确切且实际的收获。

在艺术疗愈课结束后，我感受到了内心的巨大转变。这种转变不仅是对过去生活方式的反思，更是对未来生活方式的坚定选择。过去那些深埋心底的顺从与压抑，逐渐被内心的力量所取代。这堂课让我认识到，真正的自由与幸福来自内心，而非外界的认可或顺从他人的期待。

我终于明白，内心的自由不是一蹴而就的，而是需要不断地进行自我探索和勇敢地去面对内心的真实需求。在与爱人相伴的每一天，我都在学习如何更加真实地面对自己，如何在表达自我中找到那份内心的平和与满足。这份理解与支持如同黑夜中的明灯，指引我从束缚中走向自由，走向真正的自我。

这次艺术疗愈的经历像一场心灵的洗礼，洗去了我身上那些久存的枷锁和禁锢。使我不再是那个压抑自己、迎合他人期望的女性，而是一个敢于追求自己内心所愿、敢于在这个世界上发出自己声音的独立个体。这种自我觉醒的力量让我不再畏惧未来的挑战，而是对未来充满了期待与信心。

在未来的日子里，我知道自己仍将面临许多未知的挑战和考验。但正如这堂艺术疗愈课所教会我的那样，内心的自由与真实是我面对一切的最大力量。我将继续在这条自由与自我发现的道路上前行，不断探寻内心的深处，找到更多的宁静与力量。

每一次创作、每一次自我表达，都是我在追寻内心自由的过程中迈出的坚定步伐。艺术不仅是我的表达方式，还是我探索自我、重塑自我的途径。在这条充满未知和可能性的道路上，我感到无比的兴奋和满足，因为我知道，每一个新的发现都是我走向内心深处、走向真正自由的重要一环。

如今，我站在新起点上，内心充满了希望与力量。我不再拘泥于过去的束缚，而是充满信心地迎接未来。那份曾让我迷茫的顺从与压抑，现在已成为我成长道路上的回忆与经验。我将它们化作前行的动力，坚定地走在追求自由与幸福的道路上。

真正的幸福与满足并非来自外界的认可，而是源于内心的和谐与自由。这堂艺术疗愈课让我深刻理解了这一点，并赋予我继续探索的勇气与动力。在未来的日子里，我将继续怀抱这份信念，去追寻属于自己的幸福，去探索属于自己的无限可能。

《窗前的女子》（*Woman by the Window*）　巴勃罗·毕加索/绘

关于你的篇章

以下是一个关于自我压抑与顺从心境的小测试，在符合你的情况的条目前面的方框里打"√"。

☐ 我在选择餐厅或点菜时，会根据别人的口味来决定，而不是自己的喜好。

☐ 当我感到被忽视或不被尊重时，我会选择沉默，而不是为自己发声。

☐ 当朋友或家人提出要求时，我常常难以拒绝，即使内心并不愿意。

☐ 在工作中，我习惯性地遵循上司的指示，而不会提出自己的想法或意见。

☐ 我曾在做重大决定时因为家人或社会的压力而妥协了自己的愿望。

☐ 在与他人交往中，我总是尽力表现得完美，以避免被他人误解或批评。

☐ 在朋友圈或社交媒体上，我会因为害怕别人的看法而不敢分享真正的自己。

☐ 当我感觉被忽视或不被尊重时，我会选择沉默，而不是为自己发声。

☐ 我在家庭或朋友聚会中会尽量避免提及自己的问题或困难，担心给别人带来负担。

被艺术疗愈的勇气：生活的答案之书

再次欣赏这幅艺术作品，此刻它给你带来了什么样的情绪感受？

此刻你产生了哪些自由联想和新的自我发现？

03

投射之下的世界
（植物篇）

THE WORLD UNDER PROJECTION
(THE PLANT CHAPTER)

我所拍摄的皆为我看见的，而我所看见的皆为我的投射。

《嫩芽》 朱翔坤/摄

被艺术疗愈的勇气：生活的答案之书

这幅艺术作品给你带来了什么样的情绪感受？

这幅艺术作品引发你产生了哪些自由联想和记忆？

我的回答

这幅艺术作品给你带来了什么样的情绪感受？

着迷、感动、被打动。

这幅艺术作品引发你产生了哪些自由联想和记忆？

路边的景致非常多，

绚丽的霓虹灯、高耸的楼宇、特色的精品店，

琳琅满目，令人目不暇接。

有时就是这样，

从本地人到异乡客，

从一个绚烂的城市到另一个绚烂的城市，

吸引人的人文特色数不胜数。

从酒店出发去超市买东西。

沿着马路，向左边转头的一瞬间，

看见墙上枯成了深木色的根茎中有一抹绿色

发芽，新生，成长，妖娆，向上，不紧不慢。

哪怕没有观众，每一秒也都在生长。

嫩嫩的绿，嫩到了我的心上。

让我流连忘返，盯着看了一会儿。

我拍下了这一幕，

画面留住了我这一刻的着迷。

这些美好的、细小的、意料之外的，总会让我感动。

蒲公英
DANDELION

那天，家人决定去 4S 店买一辆新车。

我并不热衷于这些复杂的机械结构，也没有对某个品牌、性能有多么感兴趣。对于我来说，汽车只不过是一个交通工具，只要颜色顺眼、外观看起来舒服，好像就已经足够了。因此，当家人在展厅里忙碌地讨论着各种型号和配置时，我感到有些无所事事，便慢慢踱步离开了人群，走向展厅外的一个小门口。

门外有一小片草地，与展厅里奢华的装潢形成了鲜明的对比。草地并不是那种经过园艺师精心打理的景观，更像一块被遗忘的土地。杂草随意地生长着，没有被修剪成某种造型，显得有些凌乱和荒凉。来来往往的人行色匆匆，却似乎从未有人注意到这里。这块草地就这么静静地躺在那儿，任凭时间和风雨将它慢慢侵蚀。

就在那时，我的目光被一朵不起眼的小花吸引了过去。那是一朵蒲公英，长在草地的边缘，可能是风在无意中把它的种子吹到了这里。它那毛茸茸的、圆滚滚的脑袋显得格外可爱，在阳光的照耀下，细细的绒毛闪烁着微弱的光芒。蒲公英显得那么柔弱，仿佛一阵风就能将它吹散。然而，它依旧坚定地立在那里，即使周围的草丛杂乱无章，也丝毫不影响它的美丽。

看着这朵蒲公英，我心中突然涌起了一股莫名的感动。它生长在这样一个不起眼的角落，没有人注意它，也没有人会为它的美丽驻足。或许，从它绽放到枯萎，它都注定要在无人问津中度过。我为此感到遗憾，便拿出手机，想将这片刻的美好定格。

拍摄的过程并不顺利，我尝试了许多角度，却始终无法捕捉到蒲公英真正的可爱与美丽。屏幕中的画面总是显得平淡无奇，和我眼中的景象大相径庭。

我有些沮丧，心中那股强烈的想要记录它的愿望反而越发坚定。那段时间，社交媒体上流行着一句话："活得雁过留声。"我想，或许也可以把这句话放在眼前的这朵蒲公英身上。我不希望它的美好就这样消失无踪，我希望通过我的镜头让它的存在留下痕迹，让那些细小的、卑微的美丽被更多人看见。

忽然，一个念头闪过我的脑海。我决定不再从俯视的角度去拍摄，而是尝试从低处仰视。于是，我轻轻地蹲下，慢慢地跪在地上，最后索性趴在泥土地上，鼻尖都快贴到地面了。我调整着手机的角度，透过取景器仔细观察眼前的这朵蒲公英。这一次，我看到的画面完全不同了。

屏幕中的蒲公英亭亭玉立，仿佛在这片小小的天地中成了唯一的主角。它的绒毛在阳光下散发出柔和的光芒，每一根细小的茎叶都显得如此生机勃勃。我按下了快门，终于捕捉到了心目中那朵蒲公英应有的模样。

我满意地看着照片，心中涌起了一种莫名的喜悦。这不仅是一张照片，更是我与这朵蒲公英之间的某种默契与共鸣。在那一刻，我仿佛学到了一个新的摄影哲学——趴下来，用谦卑的视角去看待这个世界，就会收获不一样的美好。在生活中，我们往往习惯了俯视一切，用一种居高临下的态度去评判、去观察，但当我们放低姿态、放下自我，进入泥土中、尘埃里，去靠近那些微不足道的存在时，我们就会发现，世界变得更广阔了，我们能看到更多宏伟的风景，能感受到更多被忽视的美好。

从那一天起，我开始用更谦卑的心态去面对生活中的每一个细节。我学会了用敬畏之情去对待一草一木，去记录和歌颂那些平凡却永恒的瞬间。我明白了，真正的美好往往藏在那些最不起眼的角落里，只要我愿意俯下身子去寻找，它们就会以最纯粹的方式展现在我的面前。

从那天起，我踏上了摄影之路，不仅是为了记录生活中的美好，更是为了捕捉那些渺小的、不被注意的、自然流露的瞬间。那些没有经过精心策划也不被人留意的场景，反而最能打动我的心。它们往往藏在日常生活的角落里，无声无息，却又蕴含着无限的可能性。

我热衷于拍摄每一种与情绪有关的光影，无论是悲伤的还是雀跃的，我都希望通过镜头将它们定格。对我来说，摄影不仅是记录现实，更是捕捉那些内心深处的感受。每一束光线、每一个阴影，仿佛都在诉说着情感的波动。我不愿放过任何一个这样的瞬间，因为它们是真实情感的流动，是真正独特的奢侈品。

然而，真正让我着迷的，是通过后期处理赋予这些照片一种"不真实的"却是"我脑海中真实"的样子。在 Photoshop 的世界里，我可以将这些瞬间重新塑造，让它们更贴近我内心的感受和记忆。

我想记录的是"生活本该有的样子"，不是一丝不苟的现实，而是经过我眼睛的见、心灵投射后呈现出来的世界。这个世界可能更加温暖，也可能更加深沉。无论是哪种情感，我都愿意展现。

透过我的镜头，那些看似平凡的瞬间得以重塑重生。每一张照片都是我心灵的一部分，是我对世界的表达和理解。我希望这些影像能够让人们看到平凡中的不凡，感受到被忽视的美好，并与我一同在这个"我脑海中真实"的世界里，找到属于自己的感动。

我拿起单反相机开始摄影。蒲公英、蒲公英，都是因为遇见了你。我可爱的蒲公英，谢谢你。

《蒲公英》　朱翔坤/摄

不在光里的算不算英雄
BEING IN THE DARK

《香榭丽舍大道》　朱翔坤/摄

　　我漫步在巴黎的香榭丽舍大道上。街道两旁是一家挨着一家的奢侈品店铺，橱窗里陈列的高档商品和精致的时尚服饰吸引了无数游客和时尚爱好者的目光。行人们悠闲地穿梭在这些光彩夺目的店铺之间，享受着香榭丽舍大道独特的优雅氛围。

　　雨后的空气带着一丝凉意，给这座城市增添了一抹清新。天空湛蓝，白云悠扬，雨后的景象更加让人心旷神怡。街上时不时有路人停下脚步，用相机记录下这美丽的蓝天和迷人的街景。

正当我沉浸在这份宁静与美丽中时，我在不经意中注意到地上有一摊水，倒映着另一片天空——也有蓝天，也有白云，只是与头顶这壮丽的景象相比，水中的这片天空显得平凡而宁静。虽然没有很高的亮度和饱和度，但别有一番韵味。我被它深深地吸引了。

陈奕迅在《孤勇者》这首歌中唱道："谁说站在光里的才算英雄？"这摊微不足道的水就像一面镜子，映射出这个世界的声音和影像。它不需要任何修饰，也不需要获得任何人的关注，它只躺在那片安静的角落里，忠实地展现着属于自己的美丽和意义。或许，这才是生活中的一种真谛——即使生在最平凡的地方，也能选择发现不一样的美好与感动。

这是我的温柔
MY TENDERNESS

时间继续慢慢地往前走，留下了许多的记忆，沉淀成蓝色，却孕育出了暖黄与橙色，流动着无限温柔。

在摄影初期，我很喜欢拍摄植物，多为草和树，且往往是它们枯萎的样子，黑白色调。比如，我会拍树的年轮——只有把树砍开，才能显露出纹理。

我在 M 市长大，城市里随处可见的法国梧桐对我来说有着特殊的意义。每到秋

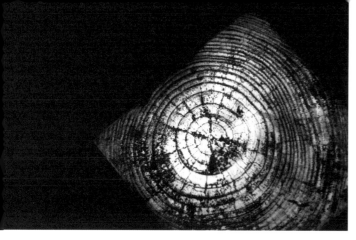

《年轮（2015）》　朱翔坤/摄

天，金黄的树叶被瑟瑟的秋风吹得纷纷落下，厚厚地铺满地面。周杰伦在《枫》这首歌中唱道"缓缓飘落的思念像枫叶"，而对我来说，这种景象充满了深沉的意味——并未达到悲伤的程度，但那种沉甸甸的感觉无处不在。

有一天，我突然发现，除了落叶和秋风瑟瑟，还有一种光芒。那光穿透了叶子，透射出来的颜色是金色的、暖黄的。可能有人会说："阳光太刺眼了，它的炽热让人无法直视，一点都不温柔。"不过，在我看来，秋风清冷、秋景凄美，唯有炽烈的阳光才能穿透这些树叶，照射到我，温暖到我。因此，对我来说，阳光是暖的，阳光是温柔的。

太阳的温柔是没有分别心的。它的光芒洒在每个人的身上，无论你是否看见了它，无论你是否可爱，无论你是什么物种，太阳都没有偏见。它每天从东边升起，在西边落下，哪怕你活在阴影里，太阳也日复一日地试图照亮每个地方。

这份无差别的温柔让我感动。我的脑海中浮现的所有感受都指向一个答案——我想成为的样子。我希望我能被温柔地对待，也希望自己能给别人带来刹那间的那种感受。在我看来，关键词不是"太阳"，而是"温柔"。因此，我拍摄了许多暖黄、橙色的影像，它们并非都是太阳，但代表的都是温柔。

被艺术疗愈的勇气：生活的答案之书

什么是温柔？温柔就是既能看见自己的脆弱，又能看见自己的坚强；温柔是一种无比强大的力量，强大到既可以包容别人的脆弱，又能让别人看见自己的强大；温柔是一种包容万物的力量，像水一样源源不断。

　　在大部分情况下，我认为自己也是温柔的，尽管这与我的外表不太相符，就像我在早期作品中经常喜欢使用深邃和沉淀感的黑白调。不过，如果你见过我笑，见过我跺脚，与我深谈过，如果你曾向我展示过你的脆弱和困惑，你就会感受到，在我的外表之下，蕴藏着一种如冬日般坚定的温柔。

《没有比这更温柔的温柔（2021）》　朱翔坤/摄

或许正因为如此，在我后来的作品中便有了很多关于温柔的投射。我觉得正是因为我的内心充满温柔，所以我才会看见那么多的温柔；正因为我心里盈满了善意和美好，所以我看到的每一处都在发光。

暖黄的夕阳
SUNSET IN YELLOW

夕阳缓缓落下，金色的光芒洒在大峡谷的每个角落。我站在悬崖边，凝视着这片壮丽的景象。与高耸的山峰和陡峭的悬崖相比，那些因岁月而生的裂缝、地震冲击和狂风暴雨侵袭后的痕迹显得更为直白、厚重。真正的力量，不在于用暴力去塑造壮丽，而在于经历了所有的风霜后，依然能够保有一颗柔软的心。那才是真正的壮阔。

傍晚时分，夕阳缓缓西沉，金色的光辉覆盖了整个大峡谷。绿色的植被和裸露的岩石在夕阳的映照下，仿佛被一层轻纱笼罩。这层纱，是落日留给大峡谷的最后一抹温柔。山谷、天空与落日的余晖交织在一起，呈现出不同深浅的黄色调，壮阔、静谧。

太阳轻抚着大地的每一寸肌肤，包裹了每一处山石、陡壁和草木，万物也甘愿在这份温柔中入眠。夜色渐渐降临，大峡谷终于可以安然入睡了。那一刻，世界变得如此美好。

我站在悬崖边不禁感叹，这就是自然的力量——我说的并不是狂风暴雨、地震和裂缝，而是这温柔的光。这光无声无息地笼罩着一切，不分昼夜，不分高低，不厚此薄彼。它让大峡谷不再喧嚣，让所有的一切都归于宁静。

　　与这温柔的光类似的是，温柔的人在经历了不同的故事之后，依然能够选择对自己坦诚，依然能爱自己和这个世界。这种温柔，不是软弱和无底线，而是一种海纳百川，是在经历了诸多好与坏之后依然能够微笑面对一切。

　　当然，太阳温柔，也炽热。如果没有防护，人们就无法长时间地站在太阳底下。而且，并非每天都有太阳，有时也会是阴天，甚至是狂风暴雨——太阳也需要喘息和休

《温柔包容Ⅰ》　朱翔坤/摄

《温柔包容Ⅱ》　朱翔坤/摄

《芦苇（2016）》 朱翔坤/摄

憩。如果要求太阳只能温柔、包容，它就会觉得压抑匮乏，最终失去原有的美好，无法继续温柔、包容。

在我回看拍摄的照片时，我发现，镜头中的芦苇丛从几年前的蓝色调，变成了现在的暖黄和橙色。我的嘴角也不由得漾起笑意。

《芦苇（2023）》 朱翔坤/摄

之前作品里的很多蓝色
BLUE

  说起蓝色，最先让我想到的是家乡的大海。当我站在海边时，迎着风，听着海浪轻轻地拍打着沙滩，我就会感觉内心一下子安静了下来。

  大海苍茫浩瀚，蓝得没有边际，似乎能把所有的烦恼都包容进去。它的声音低沉而有力，好像在说："别担心，一切都会好起来的。"每逢这种时刻，我就会觉得自己很渺小，而且平时那些让我烦恼、焦虑的事情都显得没那么重要了。

  蓝色对我来说有着特别的意义。它不仅是我的眼睛所看到的颜色，还承载着许多我内心的感受和想法。蓝色既深邃又平静，像藏着无数故事的宝箱，每次看着它，我都会想到自己内心的那些未被人发觉的角落。蓝色让我觉得，每个人都是一瓶白兰地，外表看似平凡，内在却有着独特的风味，且这些风味只有在细细品味时才能被发现。

  在我的创作中，蓝色自然而然地成了我最喜欢的色调之一。每次拿起相机，那些蓝色的场景都会让我不由自主地按下快门。有时，蓝色甚至并不存在于原始的景象中，但当我在后期处理时，我会觉得"这应该是蓝色的"，然后就毫不犹豫地调整它，直到它呈现出我心目中的样子。

  在我看来，蓝色所承载的意义远不止视觉上的美感，更代表了自由——深邃而宏伟的自由。有一次，我拍摄了一张照片——阳台上一顶顶蓝色的太阳伞，阳光温柔地洒在它们上面。那一刻，我感受到了一种假期的放松感——一种只属于自己的自由，

《生命与大海》　朱翔坤/摄

《云海》　朱翔坤/摄

　　　　　　　　　　　　　被艺术疗愈的勇气：生活的答案之书

仿佛我在家里，完全可以掌控自己的生活。这种自由是我对生活的选择与决定，也是对未来方向的坚定。

大海和蓝色，在我心中总是紧密相连的。大海的广阔和深邃让我心生敬畏，蓝色则营造了一种宁静和自由的氛围。对我来说，蓝色不仅仅是一种视觉上的选择，还代表着我对生活的一种态度：无论外界如何变化，内心总能保持一份爱与自由。这也许就是我在创作中总情不自禁地倾向于使用蓝色的原因吧。它让我感到自在，也让我在生活的波澜中找到了一片属于自己的宁静。

转变
CHANGE

正如我在前面所写的，随着时间的推移，我的关注点开始从深蓝色转向了暖黄和橙色，尤其是那种暖黄的光。这种转变并非突然发生，而是随着我的心境变化渐渐显现出来的。我仍然深爱蓝色，它带着悲伤和深沉，它们是我过去的积淀，承载着我生命的故事和情感，是我内心深处最浪漫的部分，我为此感到骄傲。蓝色，尤其是克莱因蓝、天蓝、蓝黑，它们像一片片记忆的碎片，在我心中永远占据着重要的位置。

渐渐地，我被暖黄和橙色吸引。这色彩很像阳光，能给人带来温暖和希望。在我的有些作品中，蓝色和橙色形成了鲜明的对比，而且蓝色的深沉与橙色的温暖并不冲

被艺术疗愈的勇气：生活的答案之书

突，反而相得益彰。尽管蓝色有时带有忧伤的味道，但它经历过许多事情，最终变成了一种无限的包容。它不再是一种苦涩的自我榨取，而是一种能够带来快乐的广阔胸怀。

这种转变反映了我生活状态的变化。我曾觉得深沉和温暖是相互矛盾的，但如今我明白了，它们可以共存，甚至可以相互滋养。这种共存就像一种殊途同归，让我在深沉中找到温暖，也在温暖中体会到深沉。

我曾以为我的深沉与世界的温暖是对立的，认为自己是特别的、不被理解的，需要独自面对一切，或者必须通过竞争来赢得自己想要的东西。但随着时间的推移，我渐渐明白，我从不享受那种竞争与对立的生活方式，世界也没有那么对立。身边的朋友喜欢我的故事，喜欢我作为一个独特的存在。我看见我的深沉可以温暖别人，世界上也有很多人在努力地温暖我。

未来，我希望我的作品能够体现更多的对比和色彩冲突。不过，无论怎样变化，光的元素将永远存在。

光带有一种神奇的力量。它可以打在水面上，形成倒影；可以透过树叶，洒下斑驳的光影；还可以反射在任何物体上，带来复杂的质感。

《阳台上的自由之蓝》　朱翔坤/摄

《绽放》　朱翔坤/摄

　　光影之间的对比是一种美丽的平衡，一
种哲学中的正反合。我希望我的作品能够继
续捕捉这种矛盾的平衡之美。

　　　　　　　　　　　　　　　　　被艺术疗愈的勇气：生活的答案之书

关于你的篇章

这个小测试可以帮助你探索你在拍照时最常使用的颜色，以及背后的情绪和心理。请根据提示在对话框中写下你的答案。答案没有对错，都是专属于你的。

在你拍摄照片时，是否会有意识地选择某些特定的颜色？请描述你经常使用的颜色，并解释你为什么会选择这些颜色。

请回忆你最近拍摄的一张照片。照片中的主要颜色是什么？这些颜色让你联想到什么样的情感或记忆？

你觉得哪种颜色最能表达你的内心世界？请描述一种你经常使用的颜色，并解释它如何反映你的情绪或心理状态。

当你在照片中使用暖色调（比如，红色、橙色、黄色）时，你通常处于什么样的情绪或心理状态之中？这些颜色对你有什么样的影响？

在你拍摄了一张以冷色调（比如，蓝色、绿色、紫色）为主的照片后，这些颜色会让你感到怎样的情绪？为什么？

被艺术疗愈的勇气：生活的答案之书

有没有哪种颜色是你在拍摄照片时倾向于避免的？你为什么会避免这种颜色？你认为它与你的情绪或心理有何关联？

在你最喜欢的一张照片中，主色调是什么？你觉得这种颜色象征了什么？它是否与某种特定的情绪、经历或心理状态相关联？

你认为你的颜色选择是否会随着你的心情变化而变化？请举例说明你在不同情绪下选择的颜色，以及它们如何反映你的心理状态。

被艺术疗愈的勇气：生活的答案之书

再次欣赏这幅艺术作品，此刻它给你带来了什么样的情绪感受？

此刻你产生了哪些自由联想和新的自我发现？

04

投射之下的世界
（动物篇）

THE WORLD UNDER PROJECTION
（THE ANIMAL CHAPTER）

拍摄动物时，镜头温柔地停留，仿佛是心灵与生命最纯粹一瞬的悄然对话。

《蓝色小鹿》 朱翔坤/摄

被艺术疗愈的勇气：生活的答案之书

这幅艺术作品给你带来了什么样的情绪感受?

这幅艺术作品引发你产生了哪些自由联想和记忆?

我的回答

这幅艺术作品给你带来了什么样的情绪感受？

平静、喜爱。

这幅艺术作品引发你产生了哪些自由联想和记忆？

小小的身躯，大大的眼睛，

温柔的动作，美好而安静。

一个如此静谧的小生灵，

时而轻快行走，时而闷头吃草，

仿佛整个世界的喧嚣都与它无关。

多么想给它一个环境，

让世界的喧嚣都与它无关。

也欢迎小鹿随时自由地离开这个环境，

与一切喧嚣共舞。

小鹿吃着草，
眼中闪烁着如灯球一般闪耀的光芒，
它会慢慢长大。

小鹿的故事
THE PURPOSE OF LIFE

在一座小山上，生活着一只与众不同的小鹿，名叫小多。

小多的皮毛透着一抹清新的蓝色，像是空中的一片云朵，又像是黎明前的微光，柔和而轻盈。尽管山上绿草如茵、食物丰盛，但小多从不贪恋。她在感到饿时，只是轻轻地啃几口草尖，那些最鲜嫩的叶子足以满足她的胃口。然后，她便跳跃着，灵巧地穿梭在山间的清风与树影中，享受那无尽的自由与宁静。

小多最钟爱的，便是那每晚的粉色日落。在黄昏时分，天空被染上一层浅浅的粉色，小多会悄然来到山顶，寻得一处静谧的草地，安然地卧下，凝望着西方那逐渐消失在天际的夕阳。此时，她的眼眸会显得格外明亮。

对小多而言，这粉色的暮光是天地间最珍贵的馈赠，仿佛是在提醒她，生命的每一天都弥足珍贵，值得悉心守候。

虽然小多身形瘦小，但她的内心充满了活力与欢愉。她很善于发现生活中的小确幸，哪怕是看到新芽萌发，她也能欢欣雀跃，开心一整天。在她看来，世界是新奇的、充满希望的。山上所有的动物都认识她，因为无论她走到哪里，都会给他们带去欢笑，她的乐观感染着他们。

小多还有一个很突出的优点——宽容。与其说她懂得原谅，不如说她从未在意过在别人看来值得生气的小事。即使是遇到性格有些暴躁的动物，她也总能用温柔的目光和淡淡的微笑去化解一切。她深知，生活中的美好远比烦恼多得多，为什么要把时间浪费在那些转瞬即逝的不愉快上呢？在她看来，天边的云彩、脚下的草丛、耳畔的轻风，都足以成为生命中的礼物。

虽然并非每个黄昏都有粉色的日落，在阴天或雨天，天空的色彩会被冲刷殆尽，但小多从不会因此而感到失望，她反而会把这视为大自然温柔的提示——是时候接受一场洗礼了。她会在雨中欢快地跳跃，任由清凉的雨水洗去她身上的尘土。尽管她有些不喜欢弄湿毛发，但她早已学会了欣然接受这一切。

待到雨后天晴，小多会以最洁净的姿态迎接久违的日落。她昂起头，对着夕阳轻声说："你看，我今天格外干净，只为了与你再次相会。"

随着时光流逝，小多慢慢长大了。她的毛发从清新的蓝色变成了金黄，在夕阳的照耀下，她的身上仿佛散发着金色的光芒。虽然她的外表变得更强壮了，但内心依然柔软。

有一天，小多突然意识到，除了粉色日落，她的生活似乎没有别的目标。看着周围的小伙伴们——豹子奔跑着寻找猎物，鸟儿在犀牛的背上忙碌地清理皮肤，大雁一次次迁徙……他们都有更重要的事情做。小多开始疑惑：难道生命的意义就只是为了看粉色日落吗？于是，她决定去探寻生活中更深的意义。

起初，小多模仿豹子，每天在山间寻找最好吃的草，像是踏上了一场探险之旅。她找到了一片又一片新鲜的草地，享受着美味带给她的短暂满足。可是，没过多久，她又感到内心空虚。

接着，小多决定学习鸟儿的做法，去帮助别的动物。她关心身边的每个小伙伴，帮助他们解决困难。每次在帮助他们后，小多都感受到一丝温暖，觉得自己找到了

《金色小鹿》　朱翔坤/摄

新的方向。然而，当夜晚降临，坐在山顶看着日落时，她依然感到一阵无法言喻的疲惫。

小多开始不停地自问："我是不是做错了什么？为什么在做了这么多事情之后，我仍然感到内心空虚和迷茫？"于是，她做了一个决定——离开这片山林，去外面的世界寻找答案。

外面的世界充满了新奇和刺激。小多遇到了许多新的朋友，经历了不同的冒险，短暂的快乐让她忘记了那些疑惑。但最终，她受了伤，一切仿佛变得更糟，以泪洗面成了她每天的常态。当她拖着疲惫的身体，回到最初出发的地方时，小多的内心变得更加空虚了。生命的意义是什么？这似乎成了一个奢侈的未解之谜。

小多再次来到山顶，看着那熟悉的粉色日落。日落依旧美丽，仿佛一切都从未改变过。唯一不同的是，小多已经没有办法挤出来一丝笑容。对于现在的小多来说，不

被艺术疗愈的勇气：生活的答案之书

流泪，就已经算是笑了。

"嘿，我叫小蓝，你在看什么呢？"

小多扭头一看，发现也是一只小鹿。小多不好意思地低下了头，然后迅速陷入一阵局促，不知道该如何回答——自己只不过是在看日落，又是在看日落，傻傻呆呆地看粉色的日落，什么也没有做地看粉色的日落，一定蠢极了吧！小多近乎愤怒地回答道："看粉色日落！"

时光仿佛凝固了。

小多感受到一阵窒息，为自己的愤怒感到震惊，但并不后悔这么说。小多静静地等着小蓝的嘲讽或是反击。

半晌，小蓝点点头，轻轻地说道："也许，这就是生命的意义吧。"

《你就像天使》 朱翔坤/摄

小熊猫和小狐狸的故事
THE MOST BEAUTIFUL ENCOUNTER

我是一只聪明的小熊猫。我生活在一片茂密的森林里，住在一棵最高的树上。每天清晨，我总会早早爬到树梢上，俯瞰这片我熟悉的天地。我常常微笑地看着森林里的小伙伴们忙碌着，他们看起来都那么可爱、那么有趣。

我圆圆的脑袋、棕红色的毛发、憨憨的样子很惹人喜欢，但当我举起双手摆出一副凶巴巴的姿态时，我又会被认为很厉害。不过，我从不真正伤害别人，我只是喜欢那种在树上俯瞰世界、寻找目标的感觉。对我来说，每天最有趣的事情，就是去看看今天能遇到什么不一样的小伙伴。

有一天，我被一抹火红吸引住了——那是一只小狐狸，毛发如火焰一般，闪烁着神秘而迷人的光芒。此时，她在不远处优雅地整理着自己的毛发，那副专注的样子让我的心跳突然加速。我想要靠近她，看看这只特别的小狐狸到底是什么样子。

可是，小狐狸可不是什么容易接近的家伙。每当我试图靠近它时，她总是敏捷地躲开，带着一丝丝狡猾的笑意，好像在和我玩捉迷藏。她时而温柔，时而傲娇，每天都呈现出不同的样子。我隐隐地感到，这只小狐狸是有秘密的，她每天都在变换自己，仿佛在试探这个世界。

我没有放弃。每天都爬到最高的树梢上，远远地看着她。渐渐地，小狐狸似乎放下了警惕，偶尔会在我靠近时不再躲开，甚至用小小的鼻子蹭蹭我的手臂。那一刻，我感到一种从未有过的幸福。我知道，小狐狸慢慢接受了我。

《东张西望》 朱翔坤/摄

《心动》 朱翔坤/摄

《遇见，看见》 朱翔坤/摄

　　可是，我也看得出来，小狐狸并不总是快乐的。尽管它每天都呈现出不同的模样，表面上看起来自由自在，但实际上，她的内心并没有那么轻松。她像是在用这些面具保护自己，害怕自己真实的模样会让人失望。因此，她只好每天都变换着自己，好像是为了适应这个世界而不断做出妥协。

　　在一个阳光明媚的下午，我不小心踩到了小狐狸的尾巴，她立刻生气地瞪着我，心中积攒的情绪瞬间爆发。我们之间好不容易培养起来的亲密感在这一刻瞬间破裂，

　　　　　　　　　　　　　　　　被艺术疗愈的勇气：生活的答案之书

争吵的声音在空中回荡。

那是我第一次真正看见小狐狸的内心。她所有的面具都被打碎了，地上满是破碎的残片，小狐狸无助地站在那里，泪水在眼眶中打转。她不是因为吵架而难过，而是因为她再也不知道该如何面对我。她曾经依赖那些面具保护自己，可如今那些面具全都碎了，她不再有任何伪装。

我站在一旁没有说话，只是静静地看着她。我看见她的眼神从无助到坚定，仿佛在一瞬间做出了什么决定。

"面具碎了就碎了吧。"小狐狸倔强地抬起头，甩了甩尾巴，带着一丝怒气，还有一丝勇气，"我不再需要这些面具，我要以真实的自己面对这个世界。喜欢就喜欢，不喜欢也没关系，最重要的是，我自己喜欢。"

我听后心里忽然有一阵暖流涌过。我明白，小狐狸终于决定不再掩藏自己。她选择用最真实的模样面对这个世界，还有我。

从那以后，小狐狸不再每天呈现出不同的样子。她开始用自己的方式过每一天，不再去迎合世界，不再戴着面具取悦别人，她变得真实而勇敢。我呢，每天依然会爬到高高的树梢上，静静地看着她，不再东张西望。我知道，我的眼里只有她，而她的心，也终于不再需要那些多余的伪装。

我们就这样在森林里朝夕相伴、彼此守护。虽然我们偶尔也会争吵、会有不同的意见，但每当我与她真实的眼神交汇，我都感到无比踏实。因为我知道，那只站在我面前的小狐狸，是真实的、独一无二的小狐狸。

这个故事没有太多波澜起伏，却是我和小狐狸最珍贵的回忆。小狐狸教会了我，真正地爱一个人，不是去改变对方，也不是让对方迎合自己，而是要学会接纳对方的全部，甚至是那些不完美和脆弱的部分。正如小狐狸终于学会接纳自己的真实模样，我也学会了用最温柔的方式去守护她。

有时候，爱就是这么简单——不需要面具，不需要伪装，只要我们真实地彼此相对，就是最好的守护。

爱，不仅仅是加法，更是减法。

《望着你》 朱翔坤/摄

关于你的篇章

这个小测试可以帮助你探索你的兴趣、价值观、人生意义等议题。请根据提示在对话框中写下你的答案。答案没有对错，都是专属于你的。

从小到大，你认为自己在性格、兴趣或价值观上发生了哪些显著的变化？哪些是一直未变的？

你曾在哪次从众的人生选择或经历中迷失了自己？

你认为生命的意义是什么?

就目前来说，你生命的意义是什么?

被艺术疗愈的勇气：生活的答案之书

再次欣赏这幅艺术作品，此刻它给你带来了什么样的情绪感受？

此刻你产生了哪些自由联想和新的自我发现？

05

未曾交汇的旅程:
父母、海，还有我

UNCROSSED JOURNEYS:
MY PARENTS, THE SEA, AND ME

暗涌的，不仅仅是今夜的海。

《人海 | 》 盘晓倩/绘

被艺术疗愈的勇气：生活的答案之书

这幅艺术作品给你带来了什么样的情绪感受?

这幅艺术作品引发你产生了哪些自由联想和记忆?

我的回答

这幅艺术作品给你带来了什么样的情绪感受？

> 孤独、无奈、怀念、失落。

这幅艺术作品引发你产生了哪些自由联想和记忆？

> 在这个宇宙、世间、万物，
>
> 没有比你更重要的存在。
>
> 深蓝色的无尽也只是我对你思念的冰山一角。
>
> 毕竟，还要入世，
>
> 还要存在下去。
>
> 只有向下继续流动，
>
> 才能勉强挤出来一些深蓝之外的气泡空白与蔚蓝形成的浪与花。
>
>
> 它们像极了天空的颜色，
>
> 却失去了抬头仰望的勇气，

怕看见了你的容颜却握不住你的双手。

发着光的白，引出来赤沙的岸。

岸上的人，

就是画海的我。

为了忘却的思念
MEMORIES TO FORGET

2017 年，母亲因车祸离世后，我的世界像是被撕开了一个巨大的口子。无论怎么缝补，那个口子都无法缝合，始终保持着那年的样子。

母亲走了，带着她未竟的愿望。

她总是提起人海，提起她和我一起走过的那些海边，提起她和父亲从未一起完成的旅行——父亲从未陪她看过海，这成了她的一个心结。

我一直想，或许我能让这个遗憾以某种方式得到一些弥补。

于是，2018 年，我带着父亲出发，去我曾经和母亲一起去过的海边。

我们先去了厦门。那天，阳光洒在海面上，细碎的波光闪着，与记忆中的一模一样。母亲当年站在这片沙滩上，微笑着，满眼的好奇与渴望。可如今，站在我身边的是父亲。他安静地望着远处的海平线，神情淡漠，仿佛这不过是人生中的另一处风景，没什么特别。

我让父亲站在母亲曾经站过的地方，为他照了一张照片。他没有多问，顺从地按照我的要求做了。看着他站在那里，我心想，回去后可以把母亲的照片和他的照片合在一起，仿佛他们终于能在以海为背景的照片里"相遇"，哪怕只有一瞬。其实，我也说不清我为什么这么执着，也许只是想借这种方式弥补那些未曾共享的时光。我也不知道如果我对父亲说出这个想法，他会说什么。如果他和我一样向往，我就会为母亲感到一丝慰藉；如果他不肯，我就会加倍为我母亲对父亲的爱感到不值。思来想去，冒着让自己失望的风险，我最终还是问了父亲的建议。他只是淡淡地说："别弄那些没有用的了。"

随后，我们去了泰国。那里的海与厦门的完全不同，空气中弥漫着异国的味道。夕阳照在海面上，柔和而温暖。我不禁回想起几年前，母亲和我在这片沙滩上漫步的情景。那时她还在，脸上有少见的放松的笑容。此刻，带着父亲重走这条路，我心里却有一种说不出的失落。

父亲站在海边，手插在口袋里，目光投向远方。他看上去平静得让我不安。"哪儿都一样。"他说得轻描淡写，好像这片海对他来说和其他任何地方都没什么不同。

我的心猛地一沉。他的反应如此平淡，完全没有我期待的那种感动或共鸣。对他来说，这里不过是另一个陌生的地方；但对我来说，这片海滩承载着太多关于母亲的记忆，记录着我们一起走过的时光。父亲站在这儿，与母亲站过的地方只有一步之遥，但他们之间仿佛隔着整个世界。

我试着控制自己的情绪，但内心的那股酸楚还是止不住地泛上来。母亲和我一起走过的每一片海滩，在我看来都是那么特别，满是她的气息。而父亲呢？他什么也没有——这些海滩对他来说毫无意义。他没和母亲一起走过这些路，没看过这些风景，因此他也无法理解这些海对我来说意味着什么。

我曾以为，带父亲去这些地方可以让他们在某种意义上"重逢"，甚至想着通过技术手段把他们的照片合成在一起，给我心里一点安慰。可现实清楚地告诉我，时光不能倒流，父母之间未曾交汇的时空无法弥补。我带着父亲走过母亲去过的地方，但对他来说都不过是普通的风景，对我而言则是无法抹去的痛楚。活着的时候走不到一起的两个灵魂，如何在阴阳相隔之后渴望相拥呢？这份期待，不过是我强加的一个自己未曾获得的"王子和公主幸福地在一起"的美好结局。

我站在海边，看着父亲的背影，心里涌上一阵无力感。我如何才能让他感受到我心里的波动？如何才能让他明白母亲在这些地方留下的痕迹对我有多重要？我所有的努力看起来都是徒劳的，像是想用手抓住浪花，它们却从我指尖溜走，什么也留不下。我感到无比孤独，母亲的影子在这些海滩上挥之不去，父亲却从未真正踏入她的世界。

我曾想让他们的时光在这里交错，哪怕只是在一张照片里，但现实不停地提醒我，时间早已把他们分隔在两个不同的世界，永远不可触及。

我画的大海
THE SEA I PAINTED

我像是在以上帝视角俯瞰这片海。眼前的广阔让我感到一种难以言喻的宁静，却又暗藏着情感的涌动。大海对我来说，从来都不只是风景，而像一面镜子，映照出我内心的波动与复杂的情感。浅蓝色的海面总让我联想到希望与渴望。那明亮的蓝色像是对未来的期待，带着一丝轻松的气息。每当我望向这片蓝色，我总能感受到内心深处那种未曾实现的梦想，仿佛那些浪花中藏着未完成的承诺和无数的可能性。浅蓝色

《大海Ⅱ》 盘晓倩/绘

让我想起那些尚未触及的东西，那些我仍在等待的、心中未解的愿望。

我与父亲一同站在这里，彼此靠近却又隔着某种无形的距离。当我望向更远处时，海水变得深沉，蓝得让人忧郁，像极了我内心无法言说的孤独。我像是置身于一片无边无际的情感海洋中，没有人能够真正地靠近我，我也无法穿越这片孤独的海洋。

我凝望着那片深蓝的海面，海风吹拂着我的脸庞，海浪的声音在耳畔回荡，似乎在诉说着我心中的故事。一望无垠的大海让我意识到自己是如此渺小，无论我多么努力去寻求联结，似乎总有一些东西无法被触及。然而，这片深蓝的海深深地吸引着我，让我正视自己的孤独，也让我明白，有些情感是无法被言语表达的。

大海最深的地方几乎是一片黑色，那种深沉的黑暗让我感到一种潜藏的恐惧，也让我不自觉地联想到那些我不愿面对的情感和未知。它仿佛是我内心深处埋藏的秘密，随着每一波浪花袭来，那些不安与恐惧也随之而起。

与此同时，它也让我感受到一种深刻的自由——这种自由并非来自逃避孤独，而是来自与它直面。大海的波涛是永不停息的，就像我内心的情感波动。每一朵浪花的拍打，都是我与自己内心真实的对话。虽然这片海让我感到孤独，但也让我找到了内心的平静和力量。这片海或许是我情感的出口，也是一种让我重新认识自己的途径。

父母的爱情
PARENTS' LOVE

父母的婚姻是那个年代的典型缩影。

在那个年代，女性讲求家庭责任和自我牺牲，女性的价值似乎都是围绕着家庭和孩子打转。母亲从小就被教导要成为贤妻良母，家就是她的舞台，养育子女、照顾丈夫是她生活的核心。她从不为自己活，甚至很少有自己的愿望，似乎整个世界都在告诉她，女性的存在就是为家庭牺牲。母亲也从不抱怨，总觉得这就是作为妻子、母亲该做的。

小时候，我时常听母亲说："你父亲挣钱不容易，家里的一切都得靠他。"这句话像是她内心深处的一种信仰。父亲成了家庭的经济支柱，母亲则是背后默默支持的人。她从未真正为自己争取过什么，所有的精力都用来照顾我们。我渐渐意识到，母亲这一生都在无声地承受着家庭的重担，牺牲了自己的自由、梦想，换来的是一个看似稳定的家庭。

随着我长大，我常在心里为她难过——她从来没有真正为自己活过，几乎一辈子都在为别人付出，仿佛她的人生只有"家庭"这个意义。

有一次，我忍不住跟外婆讨论起这个问题，我说："我母亲这一辈子就是在等我父亲，等了那么多年，从来没为自己活过，她的全部时间都耗在了家里。"外婆只是叹了一口气，说："女人就是这样，没办法，认命吧。"她那种淡淡的无奈与被驯服了的自觉，让我心里很不是滋味。我听后忍不住反驳："不应该是这样的！女人不仅仅是为男人和家庭活的。女人也可以有自己的事业，也可以自己发光、发热，就算离婚了也能一个人好好过，不一定非得有个男人才算完整。"外婆没再多说什么。

外婆那一代人，一辈子有大多"认命"了，她从小是地主家的童养媳，封建思想早已在她心里扎根。她经历过的生活让她习惯了"女人就得牺牲"的观念，而且这种观念坚不可摧。

可是，我无法接受这种观念。我觉得，作为家里唯一一个上过大学的人，我有责任告诉弟弟妹妹们，他们可以活得更好，不用再被这些传统和无力感所困。我母亲没好好为自己活过，直到我大学毕业，带她出去见了些世面，她才终于看见了一些外面的世界。我觉得，这不仅仅是母亲个人的悲剧，也是那个时代女性的悲剧。她们被要求无怨无悔地为家庭付出，但从未被问过"你自己想要什么"。

父亲是那个时代典型的男性。他沉默寡言，感情对他来说是一件不必要的事。在他看来，生活就是要不断地奋斗和养家，浪漫和温情则不是必需。社会教他要坚强、果断、扛得住风雨，却从没有人教过他如何表达爱意。父亲从未关心过母亲内心的感受，对他而言，生活的重心永远是责任，而不是感情。他每天像机器一样在外面打拼，就像是一个不知疲倦的行者；母亲则留在家里，负责所有琐碎的家务。这种家庭结构看似稳固，却把母亲压得几乎喘不过气来。

他们的婚姻像是一个无声的契约——父亲负责外面的所有责任，母亲负责照顾家里的每一个角落。她的渴望、她的梦想，在这种家庭结构中被慢慢压缩，最终几乎消失不见。

母亲去世后，父亲很快恢复了日常的生活，仿佛什么都没有发生过。母亲用一生为这个家付出，父亲却能如此迅速地回到他熟悉的轨道上，他冷静

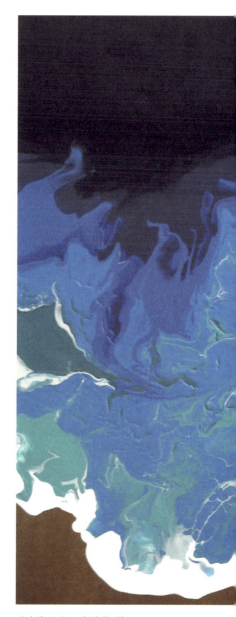

《大海Ⅲ》 盘晓倩/绘

被艺术疗愈的勇气：生活的答案之书

得让我无法理解。母亲的一生就像一个早已设计好的程序，随着她的离去，生活也迅速切换到新的轨道上，继续往前走。对父亲来说，生活还得继续，责任还在肩上。而我，却陷在对母亲的怀念里，难以释怀。

母亲的牺牲、父亲的冷漠，这一切让我觉得，他们的婚姻在某种程度上是被时代和社会压制住的。我时常想，如果母亲的生活中有更多自由、更多选择，她会不会活得更好？她会不会实现更多梦想？这些问题没有答案，但它们像一根刺，时常将我的心扎得生疼。

不仅是母亲，我妹妹的生活同样是这些观念的延续。她于 1998 年出生，在老家做护士。我一直觉得，她在出嫁后便开始重复母亲的命运。我妹妹在生育后身体不太好，不适合再怀孕。婆家强势，她前夫又是个大男子主义者，他们明知如此，还强迫她再生一个孩子，根本不顾她的身体状况。没过多久，两人离婚。听她给我讲这些，我心里有说不出的愤怒。我们这一代女性的命运似乎依然被牢牢困在那个老旧的框架里。

在我的老家，很少有女性觉醒，且社会对女性的要求似乎从未真正改变过。家庭的重担依旧压在她们身上，她们的声音依然那么微弱。小时候，我们那边有那种所谓的"女书"，专门教女人三从四德、相夫教子，却从来不教她们如何成为她们自己。我看着妹妹，想起母亲，心里充满了无力感。

母亲的一生仿佛都被社会和家庭的期待所禁锢，父亲却在无意识中成了那个将她牢牢困在这些期待中的人。我常常想，如果父母出生在不同的时代，或者社会对他们的期望不那么苛刻，那么他们会不会活得更自由？尽管这些问题永远没有答案，却始终在我心里盘旋，像一段未竟的旋律，挥之不去。

又一次车祸
ANOTHER CAR ACCIDENT

那天，事情发生得太快，快到让我根本没有机会反应。当时，我正琢磨着要不要提前点个外卖，这样在我到家的时候就可以直接吃了。突然，"咔嚓"一声，世界翻了个面。大脑似乎空白了一段时间，后来我只记得腿上传来钻心的疼痛，意识渐渐模糊，像是被卷进了一场荒诞的梦里。等我再清醒过来时，我已经躺在地上，周围挤满了人，但没有一个人愿意上前帮我。他们只是在我身边围观，好像在看一场免费的街头演出。

随着时间的推移，恐惧与孤独的感觉在我心中愈发强烈。我努力想要挣扎起身，但剧烈的疼痛让我无法动弹，只能无奈地躺在地上。我周围依然挤满了人，但他们似乎都无法共情我的处境。我心中不禁涌起一阵绝望，这种被冷落的感觉像潮水一般将我淹没。

就在我拼命想要唤醒他们的同情心时，我突然想起来：肇事者去哪里了？难道他就这样逃避责任、毫无愧疚感地离开了吗？

我心中充满了对陌生人的不解与怨恨，竟然没有一个人帮助我、支持我。

我暗想："他们之中没有一个热心肠吗？怎么谁都不来拉我一把？哪怕帮我叫 120 或者安慰我几句、问问我疼不疼也行啊。"没有人，真的没有人帮我做这些。我只好硬撑着拿起手机拨打 120。人群依然围在我身边，我就像躺在透明玻璃罩里，外面的人清清楚楚地看着我，但没人伸手进来。

孤独中的觉醒
AWAKENING IN SOLITUDE

住院后，医生告诉我，我因车祸导致腿部严重骨折，伤口较深，需要植皮，然后卧床休养一段时间。我心想，好吧，至少这段时间可以躺在床上，享受一下亲戚朋友们的关怀——毕竟，我在这些年可是个"大家好才是真的好"的典范：给表弟找工作、帮姑姑跑腿办医保，为家人忙前忙后。

结果，消息发出去后没有几个人回复我。起初我还安慰自己："可能大家太忙了吧，忙到没时间给我回个消息。"可几天过去了，手机安静得让我心里发毛——既没有关心的信息，也没有问候的电话，更别提来医院探望了。我开始觉得事情不对劲了。那些平时在聚会时打着"亲情"牌、问长问短的亲戚们，竟然在我最需要他们的时候消失得无影无踪。

我并不是那种容易自怨自艾的人，可那几天我真的很郁闷，也很委屈。我平时为他们付出了那么多，结果在我需要他们关心时，却连一条信息都收不到。我对他们的好，可能从来都没被真正记住过。

想起之前我曾跟我妹妹开玩笑："要不是你们总找我帮忙，我都不知道我是万能的。"可是，当我需要他们时，我突然意识到，原来这个"万能"的我，只是他们在需要我的时候才想得起来。或许大家都觉得，我平时一直都好好的，但真到我需要帮助时，他们全都成了隐形人。

《大海Ⅳ》 盘晓倩/绘

　　　　　　　　　　　被艺术疗愈的勇气：生活的答案之书

孤独与自我觉知
LONELINESS AND SELF–AWARENESS

那些天，我躺在床上，脑袋里每天都上映着"××，咱们以后就别来往了"的戏。后来我意识到，愤怒和失望来来去去，并不能把腿气好。慢慢地，我不再频繁刷手机，不再期盼可能永远都不会到来的"关心消息"。我开始放过自己，也放过他们。

没人来找我，我倒是有了大把的时间想想自己的事。平时我忙得团团转，替别人做了那么多，却从来没好好地为自己活过。躺在病床上的这段时间，让我为自己停了下来。我以前总想证明自己有用，觉得别人有事我就得出面；现在我发现，自己并不是一定要那么"万能"不可。有时，不帮忙、不做事、什么都不干，也挺好。

慢慢地，我不再对那些消失的"朋友"和亲戚感到失望，反而感到一种解脱。之前我总是在应对各种需求，现在没人来打扰我，正好让我有时间重新梳理一下自己。我开始意识到，生活不全是靠他人维持的，那些人情往来固然重要，但我得为自己负责，为自己而活。

所以，尽管我在这场车祸中摔断了腿，但也让我看清了生活中的一些人际关系。那些我曾经以为牢固的联系，不过是在我有利用价值时才有用的"纽带"。没有他们的关心，我依然可以好好活着，甚至活得更明白。慢慢地，我从最初的愤怒中走出来，反而开始享受这种安静的孤独。

这次经历让我懂得一个道理：有时你觉得全世界都需要你，其实不过是你自己想多了。你真正需要的，只有你能给自己。别人对我帮不帮、理不理，归根到底都不重要。重要的是，我已经不再依赖那些虚无的关系，也不再纠结于他人是否给我"回报"了。

从无力感中找到自我
FINDING MYSELF THROUGH HELPLESSNESS

有时候，我感觉自己像是独自对抗着整片大海。然而，这并没有让我变得更脆弱，反而让我发现了自己的力量。我不再惧怕那些压在心头的沉重责任和无力感，尽管压力依旧存在，有时甚至是我自己为自己扛的"担子"，但我逐渐明白了一个道理——人活着，得学得"自私"一点。

以前，我总觉得爱是一件伟大的事情，甚至有些理想化。我想去爱所有人，去关心每一个我在乎的人，觉得只要自己足够付出，终有一天会得到同样的回应。但在我经历了这次车祸后，我真正意识到，这种大爱有时没什么用。你可以爱所有人，但并不是所有人都值得你去爱，也不是所有人都能明白和珍惜你的付出。

如果你总是把爱分散在外面，把能量都给了别人，那么最终可能会空虚到无法照顾好自己。你得爱值得你爱的人，最重要的是，你得好好爱自己。这是我花了很长时间才领悟到的。

回头看，我曾觉得自己能量满满，好像是充满光和热的太阳，能把能量分享给每

被艺术疗愈的勇气：生活的答案之书

《大海Ⅴ》 盘晓倩/绘

一个靠近我的人。无论是家人、朋友，还是那些关系一般的亲戚，我都尽力给予帮助，并认为这是我存在的价值。可是，当我真正需要别人时，周围的支持却寥寥无几。这种感觉就像是你曾站在高峰俯瞰世界，觉得自己无所不能，但当你真正倒下时，却发现没有人愿意伸手拉你一把。

我常常想起这次车祸后的那些无助的时刻。过去的我从未觉得自己是个六亲缘浅的人——那个随时准备帮助别人、散发能量的我，怎么可能是这样的呢？可现在，我的状态仿佛变成了和谁都不亲。我不再是那个无所不能、光芒四射的人，反而感到自己周围清静了许多。可这次，我不再去责怪那些没有回报我的人，我意识到，这一切也许并不是他们的错。

在这段孤独的恢复期，我的思绪不禁飘回到父母的婚姻之中。他们在生活的重压下互相扶持，却又似乎永远无法真正触及彼此的内心深处。就像此时的我，尽管身旁有人，却让我感到无比孤独，像是被困在无形的牢笼中，无法挣脱。或许，这就是我一直以来所感受到的孤独，无论是在那场突如其来的车祸中，还是在父母的故事里，都隐隐闪烁着无法言说的悲伤与无奈。

宇宙有它自己的运行方式。人与人之间的关系，就像潮水般来去。我曾问过父亲："你这一辈子想成为一个什么样的人？"他平静地说："我这辈子就这样了。"在他眼中，生活似乎已成定局，不需要再去改变。我现在则想明白了，我想成为什么样的人，是由我自己决定的。我不再渴望做一个被所有人依赖的"能量供应者"，我需要变得更"自私"一些，去追寻真正让我感到满足和值得的东西。

因此，现在我更明确了自己的目标：我会专注于那些挚爱的人，而不是耗尽自己去填补所有人的需求；我开始努力寻找自己内在的力量，学会为自己撑起内心的杠杆。尽管我现在的身体可能不如从前那般健硕，外表也没有那么光鲜，但这并不重要。内心的力量才是我真正的支撑。

过去，我常常通过画大海来宣泄情感，那是我心中复杂情绪的出口。每一幅关于大海的画都是我内心波涛汹涌的象征，它们让我表达出深藏心底的起伏和孤独。如今，我不再画大海了，因为我已经不再需要它。我曾试图通过大海找到平静，但现在我发现，这股力量已经汇聚在我心中了。那些我曾经想象的海水、浪花，不再是我需要宣泄的工具，而成了我内心平静的来源。

我不再需要通过画布去表达我的情感波动，因为这些波动已经成了我内在的力量。每一朵浪、每一片海，都已经在我心里找到了归属。如今，我带着这份力量前行，继续面对未来。

这次经历让我对人生有了全新的理解。未来，我依然会去前往世界各地，去探索那些未知的可能性。尽管我受过伤，但这些伤痛并不会限制我对生活的好奇心和追求。尽管我身边的观众减少了、我不再是"万能"的，但我找到了真正的自己。

生活中最重要的，不是有多少人围绕在你身边，而是你如何与自己对话，如何找到自己内在的能量。只有学会为自己而活，学会专注于真正值得的人和事，才能从无力感中真正走出来，找到属于自己的平静与力量。

关于你的篇章

 以下是一些关于感恩练习的题目，可以帮助你练习对亲人的感恩。前提是，这位亲人值得你爱。

 想象你与这位亲人共度的一个美好时刻。描述那个时刻发生了什么，感受当时你们之间的联系，并写下你对这位亲人的感激之情。

 选择一位对你影响深远的亲人，写下他为你做过的一件重要的事。这件事如何影响了你？你从中学到了什么或者受到了什么鼓舞？

想象如果你能再与一位已故的亲人聊聊天，你最想表达的感恩是什么？写一封感谢信，表达你心中的感谢与遗憾。

思考当你遇到困难或挫折时，这位亲人的存在或记忆如何给你力量和支持。写下你感激他在这些时刻如何给你带来了安慰或指导。

被艺术疗愈的勇气：生活的答案之书

再次欣赏这幅艺术作品，此刻它给你带来了什么样的情绪感受？

此刻你产生了哪些自由联想和新的自我发现？

06

痛苦中的选择

SILENT SOBS:

CHOICES IN THE MIDST OF PAIN

遇到相同命运的两个人，可以做出截然不同的选择。

《狗》（*Dog*） 文森特·梵高/绘

这幅艺术作品给你带来了什么样的情绪感受?

这幅艺术作品引发你产生了哪些自由联想和记忆?

我的回答

这幅艺术作品给你带来了什么样的情绪感受?

> 害怕、愤怒。

这幅艺术作品引发你产生了哪些自由联想和记忆?

> 狗的眼神,似乎映照着我曾经的孤寂。
>
> 曾有无数个黄昏,我在窗边静坐,
>
> 那种无助,像寒风中的落叶飘零不定。
>
> 我记得有一只狗在雨中瑟瑟发抖,
>
> 我轻声呼唤,它却只是一声低吼。
>
> 曾经的陪伴,如今的影像,
>
> 都在这悲伤的画面中交织成诗行。

列奥和波洛的故事
LEO AND POLO

　　昏暗的审讯室，只有一盏昏黄的吊灯从天花板上垂下来，轻微摇晃着，将列奥的脸映得半明半暗。桌上的手铐发出一声微弱的碰撞声，列奥盯着对面的警察波洛，他的眼神中既有不屑，又带着一丝困惑。

　　"你以为我喜欢这么做吗？"列奥冷笑着打破了沉默。他的声音低沉，带着压抑的愤怒，"你不懂，你根本不会懂。"

　　波洛没有回应，只是冷静地看着他，仿佛眼前的这个男人不过是个等待审判的普通罪犯。

　　列奥开始回忆。回忆那些曾经让他觉得自己毫无选择的时刻，那些将他推向杀戮深渊的痛苦。每一个男人的惨叫，每一张扭曲的面孔，都如同他童年时父亲的影子，盘踞在他的脑海里，挥之不去。

列奥的童年

　　小时候，列奥的家被笼罩在压抑的阴影里。父亲的脚步声沉重如雷，每当他回到家，列奥和母亲就像在等待暴风雨来临。

　　列奥至今仍清晰地记得，在他七岁的一天，父亲喝醉了，摇摇晃晃地进门。"你这

《谷仓和农舍》(*Barn and Farmhouse*)　文森特·梵高/绘

个没用的东西！"父亲咆哮着，拳头重重地砸向母亲的脸。瘦弱的母亲倒在地上，像
一块无力的布头。列奥躲在角落里，浑身颤抖。他很想冲上去，但他太害怕了，他害
怕父亲的拳头会落到自己身上。

拳脚声、咒骂声充斥着整个屋子。父亲的怒吼和母亲的哭泣像两条纠缠不清的藤
蔓，紧紧地缠绕住了列奥的心。那一刻，列奥心中第一次涌起了仇恨——对父亲，甚
至对所有男人的仇恨。

父亲转过身，眼神如刀，直接落在他身上。"你也是个没用的东西！"父亲骂道，
狠狠地踢了他一脚。列奥痛得蜷缩成一团，心中的恨意也随着蜷缩变得越来越紧实。

　　　　　　　　　　　　　　　　被艺术疗愈的勇气：生活的答案之书

成年后的列奥终于有了报复的机会。他不再是那个被暴力支配的小男孩，而是一个可以操控命运的人。他开始策划第一个杀戮目标，那是一个与父亲极为相似的男人——高大、粗暴、满脸不屑。

列奥并不急于下手，他精心策划，将男人绑在椅子上，轻轻地用刀划开他的皮肤，看着血一点点渗出来，男人的痛苦让列奥心中充满快感。

"你害怕吗？"列奥在男人耳边低声说，声音冰冷得如同冬夜刺骨的风，"你知道这有多痛吗？这就是我小时候感受到的痛。"

男人扭动着身体拼命地想要挣脱，但他的挣扎只会让列奥感到更加满足。这不是简单的杀戮，这是报复，是对过去那些无助时刻的反抗。

列奥对男人划的每一刀都仿佛在对抗自己童年的恐惧，男人的每一次求饶都让列奥回忆起自己曾在父亲暴力下的哀号。男人的挣扎渐渐微弱，列奥却没有停手。他必须让这个人慢慢地死去，就像他自己曾经慢慢地失去希望一样。

之后，列奥的杀戮越来越频繁。他发现，只杀一次无法平息内心的愤怒和空虚。他需要更多的折磨、更多的死亡，才能找到片刻的平静。

他精心设计了每一次杀戮，确保受害者感受到极致的痛苦。他看着他们在死亡线上挣扎，享受着他们从恐惧到绝望的每一刻。那些男人的面孔逐渐与父亲的面孔重叠，仿佛他每一次杀死的都是那个曾经支配自己人生的暴君。

然而，随着时间的推移，列奥渐渐发现，自己内心的空虚并没有因此被填满，反而感到更深的孤独和无助。他的生活变成了一场无止境的循环，仇恨吞噬着他的灵魂，让他再也无法找到真正的满足。

他变成了一个只知道仇恨和暴力的怪物，一个再也无法感受到真正的情感的幽灵。他曾以为暴力是他掌控的唯一力量，但暴力最终也将他吞噬。

列奥的手微微颤抖着，他看向波洛，想从他冷静的脸上找到一丝理解，哪怕是一点点同情。

"你不懂……"列奥的声音低沉而嘶哑。

波洛继续沉默，眼中没有丝毫波澜。

列奥又冷笑了一声，说道："你也不可能懂。这是我的命运，我别无选择。"

《头盖骨静物画》（ *Still Life with Skull* ）　巴勃罗·毕加索/绘

列奥的冷笑和嘶哑的辩解在这个狭小的空间里回荡，仿佛试图把这段沉默撕裂。"你根本不懂！你不懂这样的命运有多无奈！"

波洛无声地看着他，眼神坚定如山，平静如水。

波洛的童年

波洛的父亲也是一个家暴者，习惯于用咒骂和拳头来控制家庭。只要父亲在家，他每天也是与母亲一起等待随时可能降临的暴风雨。

在波洛九岁的一天，母亲被父亲踢倒在地。小小的波洛躲在厨房的角落，蜷缩着身体，惊恐地看着眼前的景象。母亲的头发凌乱不堪，有一些头发与脸上的鲜血和泪水粘在一起，满眼的恐惧和绝望。父亲则依然在怒吼，用拳头和皮带狠狠抽打着她的背。波洛怕极了，怒火中烧，但又无力反抗。他甚至不敢出声，只能躲在暗处，攥着拳头，指甲将掌心都抠破了。

那天晚上，波洛躺在床上，听着母亲的低声呜咽和父亲的醉酒鼾声，无声落泪。他下定决心："我永远都不要成为父亲那样的人！"

随着波洛渐渐长大，父亲的暴力并没有减少，但波洛内心深处的仇恨和愤怒却开始慢慢改变。在一个关键时刻，他终于做出了自己的选择。

有一天，酩酊大醉的父亲抄起椅子向母亲的头砸去。此时的波洛高大了、强壮了，他本能地冲上前，挡在母亲面前，攥紧拳头准备还击。然而，在拳头伸出去前的一瞬间，波洛停下了。他看着父亲那双充满愤怒和混乱的眼睛，意识到如果自己出

《灰色和红色的女人头》（*Woman Head in Grey and Red*） 巴勃罗·毕加索/绘

拳，他就会变成父亲的复制品，也就是用暴力回应暴力。波洛第一次意识到，暴力不是唯一的出路。他慢慢放下并松开了拳头，带着母亲躲进了房间。他决定走另一条路，一条与父亲截然不同的路。

几个月后，波洛打算报考警校。他意识到，阻止暴力的方法不是复仇，而是保护那些无力反抗的人。他不想成为加害者，而是想成为正义的执行者，去阻止像父亲那样的人再伤害别人。

在波洛正式成为一名警察后，他感觉自己不仅是在履行职责，还在与自己的过去和解。他通过法律和秩序找到了平衡，与过往经历握手言和。

　　　　　　　　　　　　　　　被艺术疗愈的勇气：生活的答案之书

审讯室的对峙

列奥不满地看着波洛，眼中带着挑衅和怒火。

"我从小就是在那样的家庭里长大的，我别无选择，只能成为这样的人。你什么都不懂！"列奥咆哮着，仿佛在寻找最后的共鸣和认同。

波洛深吸了一口气，压下了心中的波澜，平静地说："我也经历过和你差不多的童年。"

列奥的表情突然僵住了，他完全没料到坐在自己面前的警察竟然会这样回应，眼角的一根筋不由自主地抽动起来。

"我埋解那种痛苦，"波洛继续说道，声音依旧沉稳而冷静，"但我和你不一样，我选择了另外一条路。"

列奥的嘴角抽搐了一下，愤怒的火焰似乎瞬间被冰冷的现实熄灭了。他摇了摇头，嘴里不停地嘟囔着"不可能，不可能，怎么可能呢"。他盯着波洛，想从他身上发现破绽。

"你根本不懂，我没得选，我没得选，我没得选，我没得选……"列奥低声重复着，声音中带着疲惫。

波洛依然沉着冷静地说："你有得选，每个人都有选择的权利。"

审讯室的灯，好像闪了一下。

《瓶中的15朵向日葵》（*Still Life: Vase with Fifteen Sunflowers*）
文森特·梵高/绘

坤尼的故事

QUEENIE

坤尼从小就特别喜欢小动物，尤其是小狗。他的父母也很宠他，总是尽量满足他对宠物的热爱。因此，他家里养过不少小动物，尤其是小狗。

坤尼和家里的小狗感情很好，每当小狗跑过来扒着他的腿时，他总会把它抱起来，轻轻地摸着它的头。小狗也特别懂坤尼的心思，在坤尼郁闷时，它总是静静地坐在他旁边，用爪子轻轻地搭在他的膝盖上，仿佛在说："我懂你，我在这儿。"

不称职的守护者

那时，坤尼还是个小学生，正处在天真无邪的年纪。可是，养狗并不总是美好的。任何养过宠物的人都知道，小狗有时会随地大小便，尤其是在没有接受过训练的情况下。那个年代不像现在，没什么尿垫或训犬工具，因此让小狗定点上厕所成了一个难题。坤尼太小了，无法承担训练的责任，这个任务便落到了他父母的肩上。

在那时，人们训练小狗的方式十分简单粗暴——要么奖励，要么惩罚。而在坤尼家的严厉氛围中，奖励几乎不存在。每当小狗没有在指定的地方大小便时，父亲就会惩罚它——用拖鞋狠狠地抽打它的身子和头部。坤尼的父亲是个高大魁梧的男人，有200多斤，力气很大。每一次拖鞋落下，小狗都会发出凄厉的惨叫，声音穿透整个房间。

对坤尼来说，看到小狗遭受这种惩罚简直是煎熬。他理解小狗做错了事，但他觉得这样的惩罚太过沉重，甚至可以说是残忍。坤尼觉得，强者可以管教弱者，但不能欺负弱者。人类是强者，小狗是弱者，因此强者不该用这种不公平的方式对待它。这让坤尼陷入了深深的痛苦，他既无力改变现状，又无法忍受这一切。

渐渐地，小狗的行为变得更加混乱，它开始更加频繁地在错误的地方大小便，甚至故意在床上排泄，把家里弄得一团糟。这种行为的恶化让父亲更加愤怒，惩罚变得更加频繁和严厉。家里几乎每天都会上演相同的场景：父亲怒吼着用拖鞋狠狠地揍小狗，小狗惨叫。

每次小狗挨打之后，它都会钻到床底下，瑟瑟发抖，不敢出来。坤尼总会趁着父亲不注意把手伸到床底下，轻轻地抚摸小狗的鼻子，仿佛在无声地安慰它："别怕，我在你身边，我爱你。"

然而，事情变得越来越怪异。有时候，小狗明明没有做错事，却还是会挨打。比如，父亲觉得小狗看他的眼神不对，或者在他招呼小狗后没有立刻过来，甚至是父亲拿着玩具枪逗小狗时它下意识地躲开了，它都会挨打。渐渐地，打狗成了家中的常态，甚至像是一种"仪式"——饭后散步是别人的习惯；而在坤尼家，饭后打狗成了规律。

每次吃饭时，坤尼都无比痛苦，他知道，饭后的"仪式"即将到来。他无法阻止这场无休止的惩罚，只能默默地承受着内心的负罪感与无奈。为什么会有负罪感？因为坤尼认为是自己喜欢狗，家里才会养狗，又因为自己舍不得抛弃它，所以它才会继续在这个家里遭罪。因此，他认为自己的喜欢就像一种伤害，甚至是一种诅咒，他为此感到很内疚，甚至恨自己，也恨自己喜欢狗。

《女人与狗》（*Femme au Chien*）　巴勃罗·毕加索/绘

　　终于在有一天，坤尼的母亲忍不住跟父亲说："每次吃完饭后就打狗，搞得饭都没法吃了，以后能不能先打完狗再吃饭？"

　　　　　　　　　　　　　　　　　　被艺术疗愈的勇气：生活的答案之书

父亲认同了母亲的建议，于是将打狗"仪式"放在了吃饭前。随着小狗的一声惨叫，"仪式"完成，大家就可以装作什么事情都没发生一样地吃饭了。

然而，这真的有什么区别吗？

有一次，小狗的头部被重重地打了一下后便晕了过去。父亲有些紧张地说："该不会是把它打死了吧？"几分钟，小狗又硬撑着站了起来。坤尼对父亲说："它可能是装晕吧？"父亲斩钉截铁地说："狗是不会装晕的。"这句话拆掉了坤尼给父亲留的所有的台阶。坤尼多么希望父亲下重手时能手下留情，就算把小狗打晕了、让它差点死了，其实他也是心中有数；然而，并不是。

在听到父亲回答的那一刻，坤尼下定决心要让小狗离开家——他宁可失去它，也不愿意让它继续留在这个家里受苦。其实，坤尼曾和母亲讨论过几次这个问题。母亲曾提过几次把狗送走，坤尼说舍不得，于是母亲问他："你觉得小狗在家里幸福吗？你觉得你舍不得它，但是你舍得它天天被打吗？"这个道理在成年人看来很好理解，但是坤尼还小，并不能理解"深爱一样东西，与其让它受苦不如离开它"的道理。坤尼之所以有这样的想法，是因为他坚信爱是最重要的。因此，他认为哪怕小狗遭遇了这么多，只要他爱它，那么这些遭遇就不再那么难以承受了。

可是，这一次，坤尼终于承认，还是让小狗离开自己、离开这个家，才能过得更好吧。尽管坤尼不知道小狗会遇到什么样的新主人，但他觉得，它很难遇到一个更糟糕的家庭了。哪怕它死了，也比活着时每天担惊受怕、不知道何时会挨打要好。也就是说，只要让小狗离开家，就是更好的出路。

不知是巧合还是冥冥之中的安排，没过几天小狗就丢了。对于坤尼来说，真是一件很值得开心的伤心事。

然而，在之后的很长的一段时间里，每每楼下有狗叫声，坤尼都会拉着母亲下楼找狗。他们不知找了多少次，白天找，半夜也找。他的心情很复杂，母亲说："你这是一种执念。你明知道它离开了咱们家会过得更好，为什么要把它找回来？"坤尼心里很纠结，之所以想把它找回来是因为想它、爱它，这是一种很原始的欲望冲动，哪怕保护不了它。

一次次寻找，一次次失望。终于在有一天，坤尼和母亲达成共识："这是我们最后一次在半夜下来找他了，以后再也不下来找了。"

后来，在坤尼的脑海中一直有这样的一幅画面：在他家楼下有两个年轻人，一男一女，染着黄头发，感觉不是特别坏的人，他们在逗他的小狗。他们逗着逗着就把小狗领走了。坤尼无法区分这是真实的画面还是想象的画面，没有任何的途径去证明这个画面到底是真的还是想象的，就当它是一个美好的祝愿吧。

第一种结局

在坤尼的成长过程中，有两个非常重要的个人选择事件。

第一个重要的个人选择，是他对父亲的行为感到极度愤恨，便产生了报复的念头。父亲最喜欢养鱼，于是他想对父亲喜欢的东西施加报复。

可是，当他看到鱼缸里游来游去的燕尾鱼时，他觉得自己下不去手。燕尾鱼体型较大，看起来像是有思想、会感受到疼痛。坤尼试图鼓起勇气，甚至想过直接将一包洗衣粉倒进鱼缸里，但他始终无法狠下心来。

最终，坤尼把目标转向了小草鱼，它们往往是作为乌龟的口粮。他在心里暗暗地为自己找到了合理的理由：第一，这些鱼本来就是食物，很快过不了多久就会被乌龟吃掉；第二，它们很小，像是没有复杂意识的生物。于是，坤尼选择弄死这些鱼，以此发泄心中的仇恨。在他这么做了之后，事情并没有如他所预想的那样——他并没有因此感到快乐，他的小狗也没有因此变得更好。通过这次经历，坤尼意识到，报复和伤害并不能让他感到掌控感，反而会让他有一种深深的虚无和痛苦。

许多人在被欺负后，会转而去欺负更弱小的存在，以此来找回掌控感。不过，坤尼并没有养成这样的习惯，因为他在这个过程中感受到的不是力量，而是无意义的痛苦，还夹杂着对自己的恨意。即便在发泄了愤怒之后，这种痛苦也没有因此而停下来。

第二个重要的个人选择，是坤尼试着打了一次家里的小狗。坤尼认为，通过打狗可以让它变得更加坚强，也能让它明白，即使是爱它的人也会打它，因此被打是一件正常的事情。也就是说，坤尼试图按照父亲的行为方式去合理化这件事。他希望这样一来，小狗在以后面对不爱它的人时，也不会因为被打而感到特别委屈或愤怒。坤尼希望通过这次"训练"让小狗学会更好地接纳生活中的不公和厄运。他的逻辑是，如果被打成为常态，小狗的心态就会更加平和，不会再因此受到过度的伤害。

然而，当坤尼真的鼓起勇气去打小狗时，他永远也忘不了小狗回头看他的那一眼——眼中满是意外、愤怒和恨意。与它挨父亲打时的反应不同的是，它没有叫，也没有试图反击，只是狠狠地盯着坤尼。

坤尼虽然下手很用力，但并没有使用全力。而且在打小狗之前，他鼓足了勇气，并尽力克制自己不要心疼小狗。可是，小狗的眼神让他意识到，它不仅没有从中学会

"被打是正常的，全世界都应该打我"这种合理化的心态，反而感受到了强烈的背叛和愤怒，仿佛在无声地质问："连你也打我吗？如果连你也这样对我，我真的要疯了！"

这次经历让坤尼深刻意识到，欺负弱小并不能带来任何真正的满足感或内在的平静。

根据认知失调理论，人类在做出与自身信念相悖的行为时会产生内心的冲突与不适感。为了避免这种心理上的不协调，许多人会选择顺应周围的负面行为，甚至加入施暴者的行列中，以减少内在的矛盾感并保持心理自洽。这种行为也在同时满足了人类从众的本能欲望，使个体能够融入群体，避免被孤立，享有一种表面上的认同感。

不过，尽管趋同行为可以短暂缓解心理上的不适感，但坤尼并没有选择走这条更为"轻松"的道路。做出向善的选择往往更加艰难，因为它要求个体逆流而行，

《克劳德,两岁,他的爱好马》（*Claude, Two Years Old, and His Hobby Horse*）巴勃罗·毕加索/绘

《鸟笼》（*The Bird Cage*）
巴勃罗·毕加索/绘

承受来自内外的冲突和压力——不仅要面对外界的孤立，还要克服内心的诱惑和自我合理化。这次经历让坤尼认识到，暴力不仅不会带来长久的满足，反而会加剧内心的空虚感。

这种向善的选择是一种反对从众心理和克服认知失调的过程。走向暴力的道路虽然看似能够带来一种短暂的控制感，但在深层次上，它并不能填补内心的缺失。只有通过善意和拒绝施暴，才能实现真正的内在平和与成长。

第二种结局

在坤尼的成长过程中，有两个非常重要的个人选择事件。

第一个重要的个人选择，是他对父亲的行为感到极度愤恨，便产生了报复的念头。父亲最喜欢养鱼，于是他想对父亲喜欢的东西施加报复。

坤尼丝毫没有犹豫，也没有纠结。当他站在鱼缸前，看到那些燕尾鱼游来游去时，他的愤怒转向了这些毫无抵抗能力的生物。坤尼并未试图控制

《和平节》（*Festival Pour La Paix*）　巴勃罗·毕加索/绘

自己的冲动，也完全不顾这些鱼是否会感受到痛苦。他毫不犹豫地将整包洗衣粉倒进鱼缸，看着那些鱼在白色粉末与泡泡之间挣扎。坤尼感到内心的冷漠和愤怒得到了发泄，但随之而来的还有一种麻木。

　　这次经历让坤尼开始认同父亲对小狗施加暴力的行为。他将父亲的行为合理化，认为在某些情况下，暴力或许是唯一能够传递信息的方式。坤尼逐渐相信，暴力不是毫无理由的，而是一种让他人变得坚强、适应痛苦生活的手段。

第二个重要的个人选择，是坤尼试着打了一次家里的小狗。坤尼选择将父亲对小狗的暴力理解为他想让小狗理解生活中的痛苦和不公是常态，让它理解哪怕是爱你的人也会打你。一旦能让小狗理解这一点，它就不会对挨打感到委屈和愤怒了。

　　于是，坤尼毫不犹豫地打了小狗。他坚信自己是在帮助小狗适应这个充满不公和痛苦的世界。虽然小狗没有叫，也没有反抗，但它那充满了惊讶和痛苦的眼神让坤尼感到了一丝不安。不过，他选择忽视这种不安，继续合理化自己的行为——他这么做，是为了让小狗坚强，就像他理解的父亲打狗的目的那样。

　　尽管内心深处还是有一丝隐隐的矛盾和痛苦，但坤尼开始习惯这种冷漠与理性化的暴力行为。他没有感到快乐，也没有真正的满足感，但他逐渐相信，这种暴力行为是为了让自己和身边的存在更坚强。在这一过程中，坤尼的世界观慢慢发生了转变。他认为生活充满了痛苦，暴力则是应对这些痛苦的必要手段。尽管他并没有变成一个极端暴力的人，但他不再对暴力持有反感和抵触的态度，反而认为这种行为是应对生活困境的合理方式。

关于你的篇章

以下是一些能帮助你回顾童年、反思成长的题目，请在对话框中写下你的答案。

小时候的某个事件如何塑造了你今天的价值观？你是否在成长过程中对这些价值观做出过改变？

童年的哪个经历让你第一次意识到自己有能力做出决定？那次选择如何影响了你之后的生活？

被艺术疗愈的勇气：生活的答案之书

回想童年时遇到的一个重大事件，你当时的决定如何改变了你之后的人生方向？

你如何从小时候经历的困难中寻找力量？这些经历如何影响了你后来的行为选择？

再次欣赏这幅艺术作品，此刻它给你带来了什么样的情绪感受？

此刻你产生了哪些自由联想和新的自我发现？

07

爱屋及乌

LOVE ME LOVE MY DOG

狗会说话，但只对那些懂得倾听的人。

《小狗Ⅰ》 朱翔坤/绘

这幅艺术作品给你带来了什么样的情绪感受?

这幅艺术作品引发你产生了哪些自由联想和记忆?

我的回答

这幅艺术作品给你带来了什么样的情绪感受?

平静、信任。

这幅艺术作品引发你产生了哪些自由联想和记忆?

双手托腮,今夜梦里有你,

耳边轻声,听你那头的低语。

呼吸之间都是爱的轻吟,

在宁静中,你是我唯一的光明。

暖黄灯下,映照你如星辰,

每缕光辉,似春风轻拂心门。

一切黄色,皆因你而生动,

所有温暖,因你存在而沸腾。

思念如梦，宛如繁星涌动，
每一瞬间，爱在时光中翻涌。
在梦里轻唤，渴望与你相拥，
共度晨曦，直到心灵的深处。

奥利弗对马西尔说

TO MARCIE

马西尔，你问我当时为什么决定要和你一起养我们的小狗查尔斯，这其实与你的坚持有关。

坦白说，我在决定养它之前很犹豫。虽然它毛茸茸的，像一个可爱的摇粒绒玩具，但我还是会担忧那些养狗的琐事——无论刮风下雨，都要早早起来遛它；清理它的排泄物；每周还要给它洗一次澡；它要是捣乱，还得耐心地教它规矩。

有任务，就有分工。你我之间，这些细碎的任务一旦分配不均，谁多做了、谁少做了，就会悄无声息地积累成生活中的小矛盾。我们真的能平衡这些吗？尤其是当工作忙的时候，会不会其中有一方觉得负担太重，另一方却觉得无所谓？

最让我犹豫的是，假如你对小狗不好，我可能就会开始担心我们的价值观是否会发生冲突。小狗对我来说，不仅仅是一个宠物，它还需要被爱、被温柔地对待、被看作家庭的一部分。如果你对它粗心，或者因为疲惫而训斥它，我就会觉得我们的想法在那一刻没有完全一致。我会开始反复琢磨，你对待小狗的态度是否也会折射出你对我们关系的态度？

我很怕看到你对小狗不够细心、不够有耐心，这样我心里会忍不住地有一种失落，好像我对这个小生命的关心与你不在同一个频率上。在我看来，这种差异还像个放大镜，不仅体现在我们对待宠物的态度上，还会把我们对待生活、对待彼此的方式都照得更清晰。

被艺术疗愈的勇气：生活的答案之书

《小狗Ⅱ》 朱翔坤/绘

　　可是，你那时的坚持、你那笃定的眼神，都好像是在告诉我，这不是一时兴起，而是你发自内心的渴望。我一直觉得，也许我们有时不用把一切都想得太清楚。对于有些事情，即便想得再透彻，也未必会得到最好的结果；就算有一些不确定，结果也未必很糟糕。

　　我觉得你当时的笃定是有价值的，让我觉得自己像是被求婚，然后我说了"我愿意"一样。我对你说，好吧，我答应你，我们去试着体验一下，麻烦小狗陪我们一起冒个险。

　　在养了查尔斯之后，我们面临的第一个挑战就是教它上厕所。我们一起从网络上查找教程，不同的博主都有各自的想法，但我们一致认为，底线是绝不打它，绝不伤害它。起初，我们也听过一些传统的方式，比如弹鼻头，但很快意识到这不是我们想要的。我们更愿意用耐心和爱心去引导它，而不是通过惩罚来让它服从。

在照顾小狗的过程中，我们谁都没有推卸责任，都会主动地去做自己力所能及的事情，谁都不觉得这是额外的负担。而且，在这个过程中，你承担了很多，尤其是在那些我可能不太愿意做的事情上，比如换尿垫。直到现在，换尿垫的工作也基本上都是你在做的，你大概觉得我可能会嫌它脏吧。尽管我也会自己动手，但你做得更多。就连吃饭时，如果小狗拉臭臭了，你也总会在第一时间起身清理。

这些细节让我意识到，我们之间的分工是可以商量的，甚至是可以主动抢着去做的。是我们共同在呵护、照顾它，它并没有成为我们生活中的麻烦。反而，通过这个小生命，我们更加紧密合作，互相爱护。在这个过程中，我感受到我们有着相同的价值观。我们没有因为查尔斯的小错误而发脾气，也没有在查尔斯的身上发泄生活中的其他情绪，利用它做出气筒或者指桑骂槐。我们只是纯粹地想怎么才能对它更好，怎么才能让它在这个新环境里健康快乐地成长。这个过程让我意识到，原来我们都这么有耐心，也都愿意为了一个小生命付出关心与爱。

每次你觉得小狗可爱或者称赞它表现得很好，我都会感到由衷地快乐。因为在我心里，小狗不仅是宠物，更像我们的孩子。你对它的认可，我觉得也是对我们亲密关系的认可。所以，当你夸奖它时，我都觉得你也在夸我，嘿嘿。

马西尔对奥利弗说

TO OLIVER

从我的角度看那天发生的事，觉得既奇特又有趣。我们本来只是吃完饭要下楼去面包店转转，结果走到了一家宠物店。你第一眼就看见了查尔斯，眼神瞬间亮了起来。我以为咱们只是随便看看而已，没想到你一下子就被它吸引住了。

我们一起看了查尔斯后，我还去看了看旁边的马尔泰犬，但你的眼睛就再没有从查尔斯身上离开过。那一刻，我忽然觉得自己去看马尔泰犬是多余的，因为其他种类的狗都无法进入你的视线，你已经做了选择。

还记得把查尔斯从盒子里抱出来的时候，它咬我们手指吗？宠物店的店员想要弹它的鼻头，我们赶紧阻止，立刻保护它，仿佛它已经是我们的了，我们在为它打抱不平。这感觉好奇怪。

回家后，我们开始讨论要不要买它。你的表情和动作全都在告诉我，你非常想要它。虽然你没有直接说出口，但你看它的眼神和轻微的犹豫，都因为你觉得这个决定太重大，一时不敢确定。我看着你，心里已经明白，你真的非常喜欢它，只是还在权衡。

那些非言语的信号比任何言语都清晰。你的眼神、表情、肢体语言，全都在说："快决定吧，快买下它，把它带回家。"于是，我决定替你去做这个决定。虽然我们谁都没说出来，但已经心照不宣：从那一刻起，这只小狗就已经是我们家的一员了。

我们立刻下楼，再次去了宠物店。问询了老板一些养狗常识，整个过程都显得非常顺利、自然。后来你还调侃我说，我平时是个"砍价高手"，但在买查尔斯的时候完全不砍价了。因为我知道，你很喜欢查尔斯，这在我看来是无价的、不需要砍价的。我反倒和老板仔细地聊了聊寄养问题，因为我知道你之前对养狗心存一些担心，尤其担心我们外出时无人照料它。我事先和老板聊聊，也能解除你的后顾之忧。

我在做这个决定时，只想着一点——你很想要这只小狗。我看到的、想到的，都是为了让你开心；你也是一样，看到的、想到的，都是我想要的。我们就是这样，都为对方考虑，默契得不可思议。

我们将查尔斯抱回家后，在教它上厕所时，我们决定采用正面管教的方式。我们商量好了，如果它犯错，就不做任何反应；如果它做得对，就及时奖励它。记得有一次，我花了不到一分钟就教会它坐下，我特别骄傲！我并没有强行按它的屁股让它

《钟意你》 朱翔坤/绘

被艺术疗愈的勇气：生活的答案之书

《狗粮》 朱翔坤/绘

坐，而是把它喜欢的食物拿到它的头顶，它自然就坐下了。那一瞬间，我觉得自己真的是天才，原来教小狗也有这么科学而有趣的办法。

至于给它洗澡、换尿垫，以及解决其他各种问题，在我看来都是很自然的，仿佛不用多想就能处理好。它的存在从来没有让我觉得是一种负担，反而每天都对它充满了喜爱。我在看它时常常觉得，它真是太可爱了，尤其是它的睫毛，简直可以称它为"睫毛精"。它的模样有时让我觉得，它身上竟然有我们两个人的影子。

还记得那天我们在利丰路上遇到了一个摄影展，共有 50 幅关于小狗的照片。我觉得其中一只长得特别像你，我还特意用手机拍了下来。查尔斯和你的样子更像了！甚至还让我觉得，它的模样和性格与我们俩都很相似。比如，它对这世界很有安全感，这一点非常像我；它喜欢撒娇，很像你。每当家里没有人的时候，查尔斯就好像被定住了一样，连饭都不吃；在我们回家后，它就立刻变得活泼起来，跑来跑去，还时不时地跑到我们身边，黏着我们。它真的是个小黏人精，像你一样黏人，也像我一样黏人。

关于你的篇章

以下是一些关于宠物的题目，请在对话框中写下你的答案。如果你没有宠物，也可以通过回忆与小动物的相处（哪怕是去动物园），让内心变得更为柔软。

你的宠物有哪些可爱的行为让你感到特别快乐？你记得哪些有趣又温馨的互动时刻？

和宠物互动时，你最喜欢什么活动？这让你感受到了怎样的乐趣和放松？

被艺术疗愈的勇气：生活的答案之书

在你们的日常生活中，有哪些小细节让你觉得与宠物的关系特别温馨？这些细节如何让你感到幸福？

宠物在你心情不佳时会有哪些特别的举动？这些举动如何让你感到安慰？

被艺术疗愈的勇气：生活的答案之书

再次欣赏这幅艺术作品，此刻它给你带来了什么样的情绪感受？

此刻你产生了哪些自由联想和新的自我发现？

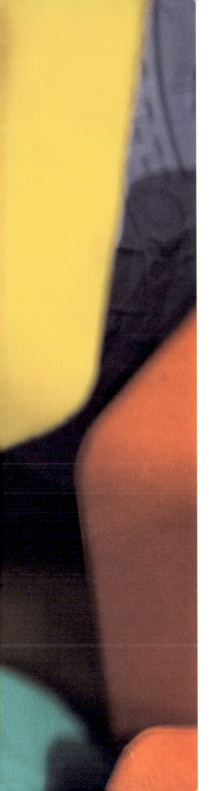

08

"麦琪的礼物"

THE GIFT OF THE MAGGIE

看东西只有用心才能看得清楚，重要的东西用眼睛是看不见的。

《我们的家》 朱翔坤/摄

被艺术疗愈的勇气：生活的答案之书

这幅艺术作品给你带来了什么样的情绪感受?

这幅艺术作品引发你产生了哪些自由联想和记忆?

我的回答

这幅艺术作品给你带来了什么样的情绪感受？

入迷、爱。

这幅艺术作品引发你产生了哪些自由联想和记忆？

粉色永远满腹温柔，

鸟儿的影子从容跟随，

白色的门框像你的心一样干净、一尘不染，

等我回家。

23，一直以来都是我的幸运数字。

我把幸运挂在门楣上，等我回家。

无限温柔，化作轻柔呼唤。

难过时，狂喜时，

幸福时，愤怒时，

是你张开双手，等我回家。

我知道，有你，等我回家。

我知道，你在，让这些地方更像一个家。

爱的笔记本
THE NOTEBOOK OF LOVE

　　我有一个本子，前半部分贴了许多低像素的照片和甜甜的小故事。虽然这些照片不够清晰，但它们捕捉了很多我们快乐的瞬间——微笑、拥抱、偶然的对视，仿佛每一页都在记录着我们最美好的回忆。那些故事也像糖一样甜，满载着我们共同度过的温暖时光。

　　本子的后半部分没有照片，写下了一些很糟糕的故事和感受。因为我在有一天突然觉得，那些糟糕的故事其实和前面的甜蜜故事一样，都是我生活的一部分，也同样是我们关系的一部分。我不应该只记录那些光鲜亮丽的时刻，糟糕的、难过的、让人心碎的故事也有它们的价值。

　　有一天，我在本子上写下了一个不愉快的小故事。写完后，看了几行，打一个"×"；又看几行，又打了一个"×"；最后，在整个故事上打了一个很大、很深的"×"，穿透了好几张纸。还觉得不痛快，干脆把本子重重地摔在了墙上。

你的视角
YOUR THOUGHTS

我记得你那天生气了，坐在那里一言不发，然后突然拿起笔在那些故事上画了一个又一个"×"。我能感觉到，你是真的受到了伤害，那些"×"就像是在宣泄你心中的不安和自我否定。你在本子上不停地画着，像是在和自己较劲。我知道你在那些时刻感觉自己被否定了，感觉一切都没有了意义。

我知道它们代表了你对自己、对事情的失望和无力感。当我看见那些"×"时，我很理解你有多生气，也知道那些情绪对你来说沉重得像压在心里的石头。不过，我在同时也觉得这些小情绪挺可爱的——不是因为我不理解你的感受，而是因为在我看来，这种情绪并没有你想象中的那么可怕。

《日落剪影》　朱翔坤/摄

你就像是第一次遇见这些情绪，反应特别强烈，我则像是已经和它们打过好多次交道了，反应很平静。我不认为需要太过沉重地对待它们，它们只是偶尔出现且不可避免的，因此不必被指摘。尽管在你发脾气的时候我也会难过，但如果我遇到这种事情，我并不会像你那样用"×"去否定自己。

在我认识你之前，我曾看过一个关于悉达多的故事，我很喜欢。悉达多在吃橘子时看到了它的前世今生：橘子从一颗种子开始生长，经历了风吹日晒、雨露滋润，最终被农夫采摘，再一路辗转，到了他的手中。当他剥开每一瓣橘子的时候，看到的是橘子背后的整个轮回。

一叶一菩提，一沙一世界。

在我和你相处的过程中，每次与你聊天时，我都试图透过表面的对话去更多地了解你，看到你背后的故事。无论我们聊的话题是轻松的、随意的，还是深刻的，我都

《西瓜静物画》
(*Still Life Watermelon*)
巴勃罗·毕加索/绘

在努力收集更多关于你的信息。你在我眼中就像那颗橘子，让我很想去试着理解你背后那些尚未浮现的东西。

我会在内心做各种假设，关于你的一切。然后，通过一次次聊天、一次次相处，去验证哪些假设是准确的，哪些不是。你展现给我的很多东西，虽然看似偶然出现——可能是一次情绪爆发，可能是一次深刻的对话，还可能只是一个小小的举动，但对我来说，它们往往都是可以预料到的，只是具体呈现出来的方式和情感的深度无法完全预料。

这些隐藏的情绪和反应总会在某个时刻浮现出来。它们可能会被藏得很深，但不会永远被埋葬。我们可以选择不去谈论、不去挖掘，有人将这种回避称作"体贴"，有人将其称作"无形的压抑"。

有时，我感觉我像是你跟自己发火时的"嘴替"，是你外在表现出来的另一个声音——那个你可能无法直接面对或表达的情绪，通过面对着我，一股脑地说了出来。好像我成了你用来跟自己吵架的对象，让你能痛痛快快地把心里的那些不安、愤怒、困惑全都释放出来。通过这个过程，你心里的声音反而变得更清晰了，很多未被处理的心事也连带着一起被整理了。

我觉得我还像是你的一把空椅子，那个在你对话时发出回声的"另一个你"。我好像总是在那里，让你有机会通过跟我对话，听到你内心真正的想法。你可能会认为自己已经做出了某个选项，比如选了"C"，而我则像是其他字母选项——"A""B""D"，映射着其他选项。当你最终选定的时候，那个选项在你心里变得更加具体且坚定。

你的笔记本现在很复杂，因为它的前半部分很甜，后半部分很咸。我不知道你下

《创可贴 》 朱翔坤/摄

次用它来书写的时候会不会觉得尴尬或不开心。毕竟，你很久没有写了。如何最大限度地减少你的尴尬？如何让你继续享受这个本子？

你爱一个人，仿佛需要对方的认可。你可以继续写吗？如果你继续写，对方会怎么看你？对方在意你写了什么吗？对方觉得你们之间的感情和关系还好吗？这些东西对你来说好像是有意义的——当然，在爱情里，对大部分人来说这都是有意义的，否则就叫单恋了。

因此，如何让你觉得我也认为这个笔记本是有意义的？如何让你觉得我对于被画了"×"的这个部分同样有爱？如何去做？把那些页撕掉吗？不太好，我觉得那是在否认。

奈何你又画得那么深。我想，你画出来的那个东西是你的愤怒。为什么会愤怒？因为疼。为什么疼？代表那里有伤口。有伤口怎么办？可以用创可贴贴在伤口上。所以，我就都给你贴上创可贴了，这样你就应该能感觉好一些——你的伤口不仅不会被嫌弃，还能得到照料。我想，这样一来，你或许就更愿意承认它的存在，更敢于去面对它，更有信心帮助它愈合了。

于是，五颜六色的创可贴跃然纸上，像星座一样连成线。

被艺术疗愈的勇气：生活的答案之书

我的视角
MY THOUGHTS

  我那天在画一幅画，一个粉红色的大泡泡，里面装着很多大爱心、小爱心，还用铅笔画了很多"×"。这些看起来像是闪烁的星星，但我知道，我是用这种含蓄的方式表示"×"。我像是用力地在自己心里划开了裂缝，想把那些困住我的情绪全都倾泻出来。你看着我，什么也没说，只是拿起橡皮，轻轻地帮我把这些"×"一点一点地擦掉。

  我曾对你说，和你在一起的日子总是那么甜，仿佛全世界都漂浮着粉红色的泡泡，泡泡里装满了大大小小的爱心。不过，也有那些让我不安的"×"，它们像我内心的阴影，代表着我的犹豫和不确定，偶尔让我怀疑自己。好在那些"×"是用铅笔画的，你可以把它们轻轻擦掉，就像在为我重新找回宁静。

  我一直都特别喜欢使用橡皮，因为在擦掉那些痕迹时，总感觉一切都可以重新开始。可是，每当我试着去擦掉那些"×"时却总是擦不干净，心中的焦虑像是无法消失的印记，留在了纸上，也留在了心里。可是你，温柔又坚定的你，总是能轻松地擦去那些我擦不掉的痕

《被擦掉"×"的画》 吴睿珵/绘

《月光爱人》　朱翔坤/摄

迹。你说，也许是因为你找到了不同的擦拭方式，或者换了一个角度，甚至不介意在纸上留下几处浅浅的磨痕。你从来不会放弃，也从不因为一点小困难就停下来。

那一刻，我忽然觉得温暖又心安。那些你帮我擦掉的"×"，好像不是纸上的，而是我心里的。我还记得你擦得很认真，像是给我疗伤一样。哪怕我有再小的情绪，你也愿意花时间帮助我慢慢化解。你没有问我对错，也没有责备我画下那些"×"，而是默默地陪着我，细心地帮我擦去那些不安。

我觉得自己好幸运。因为你不仅有能力照顾我，还愿意这么做。在我们吵架的时候，你会放下自己的情绪，转身来安慰我，让我敢于一层层地剥开那些让我心痛的小情绪。因为我知道，无论我在你面前呈现什么样子，你都能温柔地包容我、接纳我，让我慢慢地安静下来。你帮助我慢慢愈合了伤口，也让那些曾让我无法呼吸的情绪和痛苦变得轻了、柔和了。

被艺术疗愈的勇气：生活的答案之书

《奔放的旋律》 朱翔坤/摄

你的视角
YOUR THOUGHTS

还记得我们在泰国的那家小茶馆吗？那天你说要去一趟洗手间，我本以为不超过10分钟你就能回来，于是我安静地坐在那里等着你。但时间一分一秒地过去，我渐渐觉得不对劲，心里也有些着急，你怎么还不回来？

我想给你打个电话，但转念一想，如果你去一趟洗手间我都要给你打电话，会不会显得我对你不放心？你会不会觉得我有点烦？

为了打发这份无聊，我站了起来，在茶馆里四处走动，看看周围有什么。这家店很有趣，书的种类特别多，题材也很广泛。有政治类的书、人物传记、励志读物，甚至还有一些工具书。最特别的是，这里竟然还有一些绝版的藏书，让人感觉很珍贵。

我想，或许能从中找到一本与我特别有缘分的书。于是，我一圈一圈地转着，目光扫过架子上的每一本书，期待能遇到一些特别的东西。除了书，店里还在售卖明信片、小本子、纪念品，等等。还有一个人在画画，身边摆放了一些小的艺术品售卖。我仔细看了看这些东西，从中拿起几样后又放下。看了半天，发现其实没有什么特别打动我的。

转过身，我看到了一款帆布袋，上面印着《小王子》的图案，还有一句话："看东西只有用心才能看得清楚，重要的东西用眼睛是看不见的。"当我看到这句话时，突然有种触动的感觉。但由于帆布袋的颜色过于老旧昏暗，我没打算买，接着在店里转。

《小王子》 朱翔坤/绘

你还是没有回来，我心里很着急。

我突然想起爷爷曾告诉我，在战争年代，敌人经常会投炸弹、打子弹，大家根本不知道哪里是安全的，没有哪个地方能让人安心。在那种紧张恐惧的情况下，他们就围着一棵树不停地跑圈，因为站着不动反而会让人更加害怕。

虽然这种走动并没有什么实际的意义，但好像这样转圈能让我在你不在的时间里找到些许的意义。这或许与我的理念有关：我几乎从来不会独自出去玩，对我来说，吃什么、去哪儿、看什么都不重要，最重要的是和谁在一起。只要和对的人在一起，吃什么都可以，玩什么都行，甚至风景也变得无关紧要。

或许那个小茶馆一切都很完美——环境、氛围，甚至我转悠时看到的书籍和物品，但因为你不在，它们都显得不对劲、黯淡无光。我开始意识到，我不是在寻找一本书或一个纪念品，而是在努力给这段你不在的时间找到一些意义。

我又在茶馆里转了很多圈，已经非常想你了。我开始觉得，继续这样转悠也没有什么意义，于是我干脆趴在楼梯的扶手上，朝楼下看去。因为茶馆在二楼，那段楼梯是你的必经之路。我像一只等待主人回家、一动不动地蹲在门口的藏獒，目不转睛地盯着那段楼梯，期盼着你快点出现在视线中。

时间一分一秒地过去，楼梯上并没有人影。于是，我的目光开始在木制楼梯的扶手上游移，研究起了它们的纹路。突然，有人从楼下走了上来，但当时我还在全神贯注地等着你，所以并没有意识到自己的姿势可能有些奇怪。那个人猛地抬头，看到我正趴在楼梯上，吓了一跳。我当时没有反应过来他为什么会被吓到，后来想了想，可能从他的角度看，被人俯视的感觉确实很容易被吓一跳。

那个人一头金发，扎了个小辫子，看起来像是个欧洲人。虽然他被我吓了一跳，但还是很镇定地继续上楼。我这才意识到自己这样趴在楼梯的扶手上不太合适，便挺起身。等他进了茶馆后，我又若无其事地趴回去，继续等你。

我开始胡思乱想：你到底去哪儿了？是不是因为我刚才随口说了一句"好热，裤子好厚"，你就去给我买短裤了？我之前在附近逛了一圈，没找到卖短裤的地方，所以心里不太敢抱有这个希望。万一你真的去买了，但最后没买到，我会不会觉得失望？还是说，你根本没有去买短裤，只是在楼下随便逛逛，完全没想到我在楼上焦急地等着你？

我只好继续留在原地，盯着那段楼梯，静静地等着你回来。时间好像停滞了，每

《楼梯》 朱翔坤/绘

一秒都又细又长。真希望你能在下一秒就出现在我的视线里。

"嘿！我回来啦！"隔着茶馆的窗户，我听到熟悉的声音。我转头看去，你在向我招手，而且手里真的拎着一条短裤！

你看着我，笑盈盈地从楼下走了上来。在这差不多 40℃的炎热天气里，只因我的一句话而走了那么远。

那一瞬间，我的心被甜蜜填满了。之前的等待突然显得不再那么焦急和漫长，反而变成了一段特别甜美的时光，就像那泰国的泰茶一般，带着独特的温柔和细腻。你做的每一个小小的举动都让我感到无比贴心、满足，所有的等待都是值得的。

我的视角
MY THOUGHTS

你说"好热，裤子好厚"，我意识到你已经很不舒服了，心想一定得去给你买一条短裤。泰国的夏天太闷热了，我不忍心看着你那么难受。

你之前曾在附近找过，但一无所获。虽然我对这人生地不熟的地方心里也没底，但还是决定碰碰运气。我和你说要去洗手间，因为如果告诉你我去找找短裤，你听后一定会说"别去了，没必要"，不让我离开你。

《短裤》 朱翔坤/绘

我走出茶馆，迎面扑来一股热浪，空气黏腻得几乎让人透不过气。可我心里一直想着你不舒服的样子，咬了咬牙，开始寻觅。我走了几条巷子，两旁都没有服装店，全都是餐馆、小吃摊。我开始有些焦虑，想着你在茶馆等了这么久，万一我空手而归，你会不会失望？于是，我继续寻找，抱着一丝丝希望，觉得再走走或许就能遇到了。

终于，我看到一家店门口挂着几件衣服，心里激动不已。可是，在我进去之后才发现，店里只有两条短裤，而且都不是你的尺码。接着，我又走了一段，发现了一家更小的店，橱窗里摆满了各式各样的衣服，我心想这次总该有了吧！结果进店一看，才发现这是一家卖二手衣服的店。那些衣服看上去都有些破旧，根本不适合你穿。我心里更加着急了，觉得好像走到哪儿都碰壁。

可是，就在我打算放弃的时候，发现街道的尽头还有一条小巷，虽然看起来不显眼，但我还是抱着一丝希望，决定走过去看看。我沿着这条巷子走了好一会儿，还是没有找到卖短裤的地方。我开始焦虑，甚至有些想放弃了，但我还是在给自己打气："也许下一家就有了。"

在我走得快要绝望的时候，一家小店出现在不远处，门口堆着几条轻便的短裤，仿佛在等着我。那一瞬间，我的心情瞬间从焦急的深谷一下子跃到了期待的顶峰。我立刻买了短裤，心里一块石头终于落了地，喜悦涌上心头。

我凭着记忆向茶馆奔去。刚刚经过的巷子、店铺，在我眼前掠过。终于看到茶馆了！透过茶馆的窗户，我远远地看见你，那一瞬间，我的心跳得更快了，我的心也终于踏实了。

我挥着手臂，冲着窗户大声喊："嘿！我回来了！"

　　　　　　　　　　　　　　被艺术疗愈的勇气：生活的答案之书

你猛地转过头。那一瞬间，你脸上浮现的惊喜和期待让我觉得心里满满都是幸福。

《快乐》 朱翔坤/绘

关于你的篇章

以下是一些关于亲密关系的题目，请在对话框中写下你的答案。

在你们的关系中，哪个时刻最能让你感到被爱？请在下方的对话框中将那个时刻写下来或画下来，也可以将你的摄影作品打印出来贴在下方。

有没有什么未表达的情感或想法让你觉得对你们的亲密关系很重要？你可以在下方的对话框中通过对方写一封信或一首诗来表达。

在你们的亲密关系中，对方在什么时候感到最需要你的支持？可以通过绘画或摄影呈现那个时刻。

在未来，你希望你们的亲密关系朝着什么方向发展？请用绘画或摄影呈现你对未来的期待。

被艺术疗愈的勇气：生活的答案之书

再次欣赏这幅艺术作品，此刻它给你带来了什么样的情绪感受？

此刻你产生了哪些自由联想和新的自我发现？

09
偏爱

I WISH…

我多么希望得到你的偏爱，实在不行，一样的爱也可以。再不行，就对我说一句"你真好"吧。

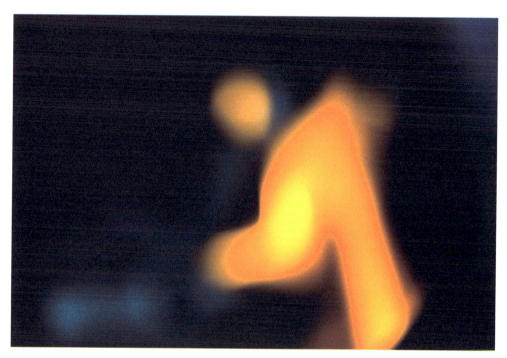

《火焰 I 》 朱翔坤/摄

被艺术疗愈的勇气：生活的答案之书

这幅艺术作品给你带来了什么样的情绪感受？

这幅艺术作品引发你产生了哪些自由联想和记忆？

我的回答

这幅艺术作品给你带来了什么样的情绪感受?

暴躁、生气。

这幅艺术作品引发你产生了哪些自由联想和记忆?

黄色、橙色,火焰的颜色。

深蓝、黑色,四处的灰暗。

火焰小人就像是安全出口标志的形状,

好像已经下定决心要逃出去。

但是,他会逃到哪里去呢?

灰暗中有一股蓝色,像是汪洋。

最终怒火也还是会被灰暗熄灭,

变成回忆,变成结束,只剩下美好。

再见
TIME TO SAY GOODBYE

直到母亲生病卧床的那一年，我才突然意识到她的一生快要走到尽头了。她躺在病床上，身子瘦得只剩下骨头，呼吸也越来越轻，好像一阵风就能把她吹走。我每次去医院看她，都会给她买她最爱吃的东西：软软糯糯的红枣豆沙甑糕、香甜又营养的榴梿，还有她突然很喜欢的冰棍。我小心翼翼地喂她吃饭，怕弄洒了，也怕她吃不下。我默默地为她擦嘴，抹掉她嘴边的残渣。

我那时心里有一个小小的愿望，准确地说，是一个不敢说出口的奢望。我盼望着她能对我说一句，哪怕只是一句"大闺女，你真好"。这句话，我不知道在心里排演了多少遍。我想象着她轻轻拉起我的手，有一瞬间的温暖。

可她没有，直到她离开的时候她也没有说。我拉着她的手，慢慢变凉，我的心也一样。

那一年，我 65 岁。

是无所谓还是有所谓
IT MATTERS

　　我 14 个月大的时候，被父母送到了农村的奶奶家。当时，母亲又怀孕了，白天还要上班，无法分身照顾我。没过多久，赶上了三年困难时期，家里养不起这么多孩子，索性就把我留在了农村。

　　我在奶奶家待到小学第一个学期读完，才被接回城里。可那时，我已经是个局外人了。家里的四个人——父亲、母亲、妹妹、弟弟——就像是一个紧密的整体；而我，只是个被放在外面的多余人。就算我站在他们旁边，我也感觉不到自己是家里的一部分。

　　我问过他们几次："为什么我觉得自己像个外人？"我想得到一个解释，或者至少是一个安慰。可每次他们都不承认，说我胡思乱想，还说他们觉得自己对我挺好的。可那种感觉扎在心里，骗不了我。我心里憋着一股酸涩，总觉得自己像是一个被遗忘的孩子。每当我看着父母和弟弟妹妹亲密无间时，我都只能站在旁边，假装自己无所谓。

　　但，真的无所谓吗？

　　小时候的夏天总是特别长。有一天，阳光很足，我原本打算和同学去河边玩水，还想着和他们比赛爬树，看谁能爬得最高。可就在我出门前，母亲突然叫住我，拎着妹妹的帽子走过来："大闺女，带着你妹妹一起去，别让她乱跑啊。"

《海边散步的人》　朱翔坤/摄

　　我听后心里一沉，我知道，爬树的计划泡汤了。没办法，我只好牵着妹妹的手，沿着河边走。她看到什么都想摸一摸、追一追。有蝴蝶飞过，她欢呼着跑过去，结果脚下一滑，摔倒了。我赶紧跑过去，她坐在地上哭得厉害，脚也崴了。

　　我慌了神，急忙背着她回家。回家的路突然显得格外漫长，太阳炙烤着我，汗水顺着额头流下。妹妹在我背上抽泣，我一边走一边想，这一路背着她回去，母亲肯定会夸我吧。

　　回到家，我气喘吁吁地把妹妹放下，想等着母亲说点什么。可她连看都没看我一眼，直接抱起妹妹心疼地哄："哎呀，怎么摔得这么严重？疼不疼啊？你姐是怎么照顾你的？她爸，快去找药来！"

《面具的颜色》 朱翔坤/摄

被艺术疗愈的勇气：生活的答案之书

　　我站在一旁，满头的汗黏在脸上，胸口起伏着，想着自己一路背妹妹回来，也没得到半句关心，满心的委屈。半晌，母亲终于瞥向我，随口说了一句："以后看好你妹妹，别再让她摔了。"

　　结婚那天，亲友围绕，彩带飘扬，好不热闹。我站在红毯中央，婚纱拖曳在地，微微发烫的夏日空气夹杂着香水和汗水的味道。父母挽着我的手，带我一步步走向老公。

　　母亲的手微微发抖，我很期待她能在这庄重的时刻对我一句："大闺女，祝你们幸福！"只见她走到我老公面前，把我的手郑重地放在他的手里，深吸一口气，对他说："以后啊，好好照顾她妹妹。"

　　一时间，我以为我听错了，眼前的景象让我感到眩晕。老公尴尬地应了一声"好"，他脸上那抹笑突然变得很僵硬。

　　"好好照顾她妹妹"这几个字像是一块硬邦邦的石头，砸在我心口。不是"照顾好我闺女"，也不是"祝你们幸福"，而是"好好照顾她妹妹"。

　　母亲脸上露出了满意的神情，仿佛向我们交代了最重要的事情。妹妹站在一旁，毫无察觉地忙着接过花束，幸福洋溢在脸上，好像这一切都正常得不能再正常。

这么荒诞的要求，竟然在我成婚之后成了真。我们去度蜜月，本来计划去海边晒太阳，享受二人世界。可就在出发的前一天，母亲打电话过来，声音温柔得像是在劝一个不懂事的孩子："你妹妹从来没去过海边，你们度蜜月带上她吧，顺便照顾一下她。"

我愣了好几秒，电话差点掉到地上。带上我妹妹？去度蜜月？这话听起来怎么这么荒唐！可是母亲说得理直气壮，我反驳了几句，结果她直接把话抛出来："你们是她的亲人，难道不该带她开开眼界吗？"她那"这是天经地义"的口吻，让我无力再辩解。

火车一路颠簸，硬座车厢挤得满满当当。那时的绿皮火车没有空调，闷热的空气中夹杂着浓郁的汗臭。刚上车没多久，妹妹就开始折腾了，她先是抱怨："姐，这座位怎么这么硬啊？"然后又开始叫渴："姐，你去给我打点水。"

到了青岛，一场更大的闹剧正式开启。我们租了两辆破自行车，准备骑去海边。妹妹蹲在地上挽了挽裤腿，斜着眼看自行车，说道："我不会骑啊，你们得想办法。"我和老公面面相觑，最后还是老公低声说："我带着你们吧。"于是，整个骑行变成了老公骑车，我坐在前梁上，妹妹坐在后座上。我在前面摇摇晃晃，后面妹妹还不停地喊："你骑慢点，颠死了！"老公额头青筋暴起，脚蹬得越来越没劲，最后满头大汗地停下，妹妹却像没事人一样跳下车，拍了拍屁股上的沙子，随口一句："真是不会照顾人！"

有一天早上，我们去吃早餐，餐馆只剩几个馒头和一碗稀粥。老公和我随便对付了几口，妹妹却端着碗盯了半天，指着菜单上的鸡蛋和肉包子说："我要吃这个。"我赶紧解释："这些早卖完了。"妹妹一脸不信："你们就知道敷衍我！"无奈之下，老公出门买了几个煎饼回来。结果她咬了一口，眉头一皱："这煎饼是给人吃的吗？！"

最荒诞的还是在海边的一天。我们好不容易决定不管她了，打算自己去看看海景。刚走到沙滩上，妹妹突然大喊一声："我要游泳！"我和老公都愣住了——她竟然这么突发奇想！我们连忙向她解释，出来时只是想看看海景，所以没带泳衣出来。妹妹抱着胳膊站在沙滩上，理直气壮地说："你们不是来度蜜月的吗？怎么能不带我去游泳？"她说得那么理所当然，仿佛没带她下海就相当于我们犯了不可饶恕的罪。最后，我们只好跑到附近的小摊上买了几套廉价泳衣。好不容易换上泳衣，刚下水五分钟，她就嚷嚷着冷，咬着牙跑上岸。

蜜月之旅就在这场闹剧中结束了，我们精疲力竭地回到家。一进门，母亲就笑呵呵地迎上来，关切地问妹妹："玩得怎么样啊？"我正准备回答，妹妹抢先一步开始告状："他们根本不会照顾人！吃饭的时候让我吃特别难吃的煎饼，骑车的时候故意把我颠得要命，最后还让我在冰冷的海水里游泳！他们就是故意的，明知道我怕冷，还偏偏带我去海边！"

我委屈得不行，眼泪在眼眶中打转。老公轻轻地拍了拍我的肩膀，低声说："下次，咱俩单独出去吧。"我叹了口气，对他满心的愧疚。

刚结婚的时候，我天真得很，以为把存折放在母亲那里很稳妥。那时取钱还不用身份证，存折一递，钱就到手。我本以为，把我那点血汗钱交给她保管，也算是一种信任和孝顺吧。可没想到，我的孝顺全都给了妹妹。

妹妹突然要买房，钱不够。母亲二话没说就把我存折上的钱取了出来。钱取得利索，给得更是干脆，等她全都办妥了才告诉我一句："哎呀，你那存折里的钱，我给你

《冷的镜像》　朱翔坤/摄

　　　　　　　　　　　　　　　被艺术疗愈的勇气：生活的答案之书

妹妹拿去买房了。"

我当时气得心里直打哆嗦，压着火问："那你取钱之前怎么不跟我说一声呢？"母亲倒是淡定，甩下一句："你妹妹需要，咱们家谁不该帮忙？"那语气仿佛我是小气得不想帮自家人似的。

后来我也没说什么，心想她毕竟是母亲。可是，我的心里从此有了疙瘩，我决定我之前放在她手里的每一分钱都得一点一点地拿回来，生怕再莫名其妙地少了。

说出来吧，写下来吧
SAY IT OUT LOUD, WRITE IT DOWN

我写下小时候的委屈，写下妹妹的无理取闹，写下母亲冷漠的告别。每写一段，心里的沉重就像被轻轻地卸下了一层。我曾经无法理解、无法放下的情感，随着每一页字句的堆叠，渐渐变得透明。

我想起母亲躺在病床上时的那张瘦削的脸，想起自己一次次渴望着她能说一句"你真好"，渴望她能拉着我的手，给我哪怕一丝温暖。可这些都没有发生。我曾经为此愤怒、伤心，甚至怀疑自己是否不够好。可是，当这些过往被一字一句地写下来时，我忽然明白了——不是因为我不值得被爱，而是母亲可能没有能力给予我那份我一直渴望的爱。然而，这并不等于我的价值需要由她来证明。

在我写完最后一个句号后，心中竟有了一丝平静。那些困扰了我一生的伤痛不再是一道无法愈合的伤口，而是一段我可以平静面对的过去。

　　我轻轻地合上笔记本，像是为自己关上了一扇陈旧的大门。窗外的风吹进来，带着凉意，却也让我感到久违的轻松。

《火焰Ⅱ》　朱翔坤/摄

关于你的篇章

以下题目能帮助你反思你与父母的关系，请在对话框中写下你的答案。

回想在你小时候与母亲／父亲相处中，最深刻的记忆是什么？请在对话框中写下这个时刻，并描述这段记忆给你带来了怎样的感受。

有哪些情感你从未向母亲／父亲表达过？你希望现在能对他们说些什么？请写一首短诗，表达你从未说出口的感受或想法。

被艺术疗愈的勇气：生活的答案之书

如果你能重建你与母亲／父亲的关系，你希望它是什么样的？请在对话框中描述理想中的你与他们的关系。

被艺术疗愈的勇气：生活的答案之书

再次欣赏这幅艺术作品，此刻它给你带来了什么样的情绪感受?

此刻你产生了哪些自由联想和新的自我发现?

后记

艺术疗愈从来都不只是视觉的享受，更是心灵的桥梁。

现实世界存在着界限，想象的世界则是无限的，艺术是一个能协助我们通向真实自我的媒介，也能帮助我们看见自己、理解情感。

在创作这本书的过程中，我们像是在进行一场深刻的自我对话，一遍遍触摸心中的柔软与锋利，剥开层层掩盖的情绪与记忆。

我（吴睿珵）曾以为，自己温婉而克制的外表是一种安静的美，能像一层保护膜那样挡住所有未解的情绪与疑问。但随着创作的深入，内心的声音逐渐挣脱这层保护，变得丰富、生动，甚至有些迫不及待地渴望被看见。这种变化首先反映在我的妆容上——原本柔和的色调渐渐褪去，取而代之的是鲜亮而大胆的色彩。站在镜子前，我逐渐看到了一个更真实的自己，一个不再隐藏内心挣扎的自己。

在 TEDx 的舞台上，当我谈及自己曾经的抑郁经历时，那些埋藏的情绪被重新触发。我站在一群陌生人面前，揭开内心的伤疤，本以为是一次脆弱的暴露，却意外地感受到了一种力量。看到台下那些关切的目光，我体会到一种无声的共鸣，好像我的故事不仅属于我，也属于他们。在那一刻，我明白了勇敢的意义——不是不再畏惧，而是在恐惧中找到光亮，将自己的伤痛转化为他人的希望。这种力量推着我走到了英国剑桥大学的 DE&I 研讨会台前，在那里，我和听众分享着那些未曾面对的记忆，每一份回忆、每一次挣扎都在那一刻释放出来，成为一种让人们彼此联结的力量。

在这本书中，我们试图将艺术疗愈和心理学结合，去触碰深藏的情绪。读过这本书后，相信你也在打开了自己封存的"盒子"，那些埋藏的痛苦和疑惑仿佛一件件陈年旧物，带着沉重的回忆。过去的伤口不该被束之高阁；相反，只有勇敢地直面它们，将它们暴露在阳光下，我们才真正开始理解它们。心理学的任务不是在黑暗中找到答案，而是帮助人们找到自己的光。曾经的迷茫、挣扎，都是你人生旅程的一部分，能让你变得更加完整。

这本书由多个故事组成，在你的经历与他人的故事交织时，那些未曾直视的部分在他人故事中镜映出来，告诉你，脆弱并不可耻，脆弱能让你更接近真实的自己，而这正是你最强大的力量。

这本书对我们而言，是一次深刻的自我揭示与成长的记录。每一篇故事、每一幅画作、每一张照片，都是我们与内心的对话，都是我们真实自我的一部分。一个人只有敢于成为自己，才能真正获得自由。愿这些故事、画作和照片带给你温暖与力量，陪伴你向内探索真实的自我，获得由内而外的自由体验。

这本书还是一次深入的艺术疗愈之旅。艺术能帮助艺术能引领我们与内心深处的自己邂逅，让疗愈就此展开；艺术能帮助我们去触及那些无法用言语表达出来的情感，让情感可见；艺术能让我们看到自己的过往、当下、未来，让我们活出勇敢和力量。